快速掌握16G101图集

钢筋工程量计算

GANGJIN GONGCHENGLIANG JISUAN

主 审　何 俊
主 编　邵荣振　倪 超　张金珠
副主编　米 帅　吕丹丹　王文璟　刘 鸽

华中科技大学出版社
http://www.hustp.com
中国·武汉

内 容 简 介

本书依照教育部《高职高专教育土建类专业课程教学基本要求》的精神编写而成,所有参加编写的人员均有较为丰富的建筑专业课教学经验。本书结合职业教育人才培养定位,本着"必需、够用"的原则,精选了框架结构建筑作为工程实例进行讲解,特点较为鲜明。本书从平法的基本概念入手,依据《混凝土结构施工图平面整体表示方法制图规则和构造详图(现浇混凝土框架、剪力墙、梁、板)(16G101—1)》《混凝土结构施工图平面整体表示方法制图规则和构造详图(现浇混凝土板式楼梯)(16G101—2)》《混凝土结构施工图平面整体表示方法制图规则和构造详图(独立基础、条形基础、筏形基础及桩基承台)(16G101—3)》三本最新图集编写,其主要内容包括:平法钢筋算量的基本知识,独立基础,柱构件,梁构件,剪力墙构件,板构件及常用构件钢筋计算简表等。本书内容系统,实用性强,便于理解和掌握,可供建筑工程设计人员、施工技术人员、工程造价人员及相关专业的师生学习参考。

为了方便教学,本书还配有电子课件等教学资源包,任课教师和学生可以登录"我们爱读书"网(www.ibook4us.com)免费注册并浏览,或者发邮件至 husttujian@163.com 免费索取。

图书在版编目(CIP)数据

钢筋工程量计算/邵荣振,倪超,张金珠主编.—武汉:华中科技大学出版社,2015.7(2020.8重印)
国家示范性高等职业教育土建类"十二五"规划教材
ISBN 978-7-5680-1047-4

Ⅰ.①钢… Ⅱ.①邵… ②倪… ③张… Ⅲ.①配筋工程-工程造价-高等职业教育-教材 Ⅳ.①TU723.3

中国版本图书馆 CIP 数据核字(2015)第 169877 号

钢筋工程量计算　　　　　　　　　　　　邵荣振　倪　超　张金珠　主编

策划编辑:康　序
责任编辑:康　序
责任校对:张　琳
责任监印:朱　玢
出版发行:华中科技大学出版社(中国·武汉)　　电话:(027)81321913
　　　　　武汉市东湖新技术开发区华工科技园　　邮编:430223
录　　排:武汉正风天下文化发展有限公司
印　　刷:武汉邮科印务有限公司
开　　本:787mm×1092mm　1/16
印　　张:8
字　　数:203千字
版　　次:2020年8月第1版第3次印刷
定　　价:28.00元

前言

● ● ●

平法制图是指按"平面整体表示方法制图规则"所绘制的结构构造详图的简称。平法,即建筑结构施工图平面整体设计方法,与传统的结构平面布置图加构件详图的表示方法不同,平法设计是把结构构件的尺寸和配筋等,按照平面整体表示方法制图规则,直接标注在结构平面布置图上,常规构造由标准详图提供,特殊结构由具体结构设计人员扩充,是一种新的施工图设计文件表达方法。它改变了传统的将构件从结构平面布置图中索引出来,再逐个绘制配筋详图的烦琐方法,大大提高了设计效率,减少了绘图工作量,使图纸表达更为直观,也便于识读。

本书依据《混凝土结构施工图平面整体表示方法制图规则和构造详图(现浇混凝土框架、剪力墙、梁、板)(16G101—1)》、《混凝土结构施工图平面整体表示方法制图规则和构造详图(现浇混凝土板式楼梯)(16G101—2)》、《混凝土结构施工图平面整体表示方法制图规则和构造详图(独立基础、条形基础、筏形基础及桩基承台)(16G101—3)》三本最新图集编写,主要内容包括平法钢筋算量的基本知识,独立基础、柱构件、梁构件、剪力墙构件、板构件及常用构件钢筋计算简表等。本书内容系统,实用性强,便于理解和掌握,可供建筑工程设计人员、施工技术人员、工程造价人员及相关专业师生学习参考。

在本书的编写过程中,泰安城市建筑设计院和泰安建筑工程有限公司的工程师们提供了不少的实际工程的素材,并结合施工技术人员的实际需求提出了不少的建设性意见。在此特向他们表示衷心的感谢。同时,编者在编写过程参阅了大量的资料和已出版的教材,在此也向它们的作者表示感谢。

本书由泰山职业技术学院邵荣振和倪超、石河子大学张金珠担任主编,由泰山职业技术学院米帅、山西旅游职业学院吕丹丹、铜陵职业技术学院王文璟、山西经贸职业学院刘鸽任副主编。

为了方便教学,本书还配有电子课件等教学资源包,任课教师和学生可以登录"我们爱读书"网(www.ibook4us.com)免费注册并浏览,或者发邮件至 husttujian@163.com 免费索取。

限于编者水平,且编写时间有限,书中难免存在错误,恳请广大读者批评指正。

编　者
2017 年 7 月

目录

平法钢筋算量的基本知识

任务 **1** 钢筋基本知识

一、钢筋的分类

普通钢筋是指用于钢筋混凝土结构中的钢筋和预应力混凝土结构中的非预应力钢筋。用于钢筋混凝土结构的热轧钢筋分为 HPB235、HRB335、HRB400 和 RRB400 四个级别。《混凝土结构设计规范》(GB 50010—2010)中规定,普通钢筋宜采用 HRB335 级和 HRB400 级两种级别的钢筋。

钢筋由于品种、规格、型号的不同和在构件中所起的作用不同,在施工中常常有不同的称呼。对一个钢筋预算人员来说,只有熟悉钢筋的分类,才能比较清楚地了解钢筋的性能和其在构件中所起的作用,在钢筋预算和下料过程中才不致发生差错。

钢筋的分类方法很多,主要有以下几种。

1. 按钢筋在构件中的作用分类

1)受力钢筋

受力钢筋是指构件中根据荷载计算确定的主要钢筋,包括受拉筋、弯起筋、受压筋等。

2)构造钢筋

构造钢筋是指构件中根据构造要求设置的钢筋,包括分布筋、箍筋、架立筋、横筋、腰筋等。

2. 按钢筋的外形分类

1)光圆钢筋

光圆钢筋表面光滑无纹路,主要用于分布筋、箍筋、墙板钢筋等。当其直径为 6～10 mm 时,一般做成盘圆;当其直径为 12 mm 以上则做成直条。

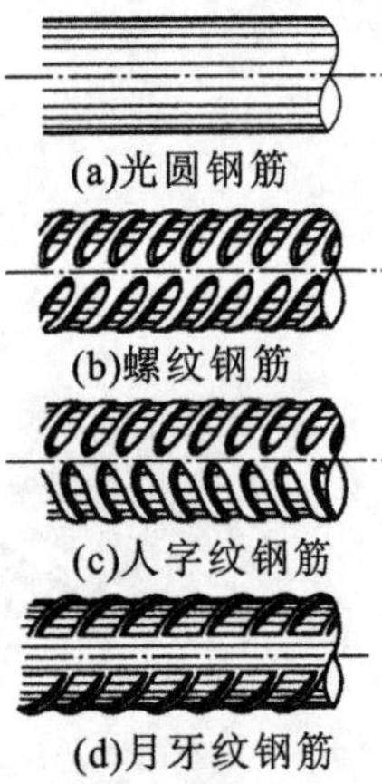

(a)光圆钢筋

(b)螺纹钢筋

(c)人字纹钢筋

(d)月牙纹钢筋

图 1-1 钢筋的外形

2)带肋钢筋

带肋钢筋表面刻有不同的纹路,增强了钢筋与混凝土的黏结力和握裹力,主要用于柱、梁、剪力墙等构件中的受力筋。一般Ⅱ、Ⅲ级带肋钢筋轧制成人字形,Ⅳ级带肋钢筋轧制成螺旋形或月牙形,带肋钢筋的出厂长度有 9 m、12 m 两种规格。

3)钢丝

钢丝分为冷拔低碳钢丝和碳素高强钢丝两种,直径均在 5 mm 以下。

4)钢绞线

钢绞线有 3 股和 7 股两种,常用于预应力钢筋混凝土构件中。

钢筋的外形如图 1-1 所示。

3. 按钢筋的强度分类

在钢筋混凝土结构中常用的是热轧钢筋,热轧钢筋按强度可分为四级,具体为:①HPB235(Ⅰ级钢),其屈服强度标准值为 235 MPa;②HRB335(Ⅱ级钢),其屈服强度标准值为 335 MPa;③HRB400(Ⅲ级钢),其屈服强度标准值为 400 MPa;④RRB400(Ⅳ级钢),其屈服强度标准值为 400 MPa。现浇楼板的钢筋和梁柱的箍筋多采用 HPB235 级钢筋;梁柱的受力钢筋多采用 HRB335、HRB400、RRB400 级钢筋。

普通钢筋强度标准值和设计值如表 1-1 所示。

表 1-1 普通钢筋强度标准值和设计值(MPa)

钢筋种类	直径 d/mm	符号	抗拉强度标准值 f_{sk}	抗拉强度设计值 f_{sd}	抗压强度设计值 f_{cd}
HPB235	8～20	Φ	235	195	195

续表

钢筋种类	直径 d/mm	符号	抗拉强度标准值 f_{sk}	抗拉强度设计值 f_{sd}	抗压强度设计值 f_{cd}
HRB335	6～50	Φ	335	280	280
HRB400	6～50	Φ	400	330	330
RRB400	8～40	Φ^R	400	330	330

二、钢筋在构件中的配置

在建筑施工中,用钢筋混凝土制成的常用构件有梁、板、墙、柱等,这些构件由于在建筑中发挥的作用不同,所以在其内部配置的钢筋也不尽相同。

1. 梁内钢筋的配置

梁在钢筋混凝土构件中属于受弯构件,在其内部配置的钢筋主要有:纵向受力钢筋、弯起钢筋、箍筋和架立钢筋等。梁内钢筋的配置如图 1-2 所示。

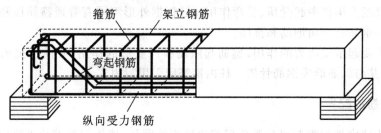

图 1-2　梁内钢筋的配置

1) 纵向受力钢筋

纵向受力钢筋布置在梁的受拉区,主要作用是承受由弯矩在梁内产生的拉力。

2) 弯起钢筋

弯起钢筋的弯起段用于承受弯矩和剪力产生的主拉应力,弯起后的水平段可承受支座处的负弯矩,跨中水平段用于承受弯矩产生的拉力。弯起钢筋的弯起角度有 45°和 60°两种。

3) 箍筋

箍筋主要用于承受由剪力和弯矩在梁内产生的主拉应力,固定纵向受力钢筋,与其他钢筋一起形成钢筋骨架。箍筋的形式分封闭式和开口式两种,一般常用的是封闭式,箍筋的形式如图 1-3 所示。

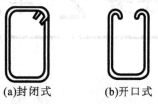

(a)封闭式　　(b)开口式

图 1-3　箍筋的形式

4) 架立钢筋

架立钢筋设置在梁的受压区外缘两侧,用于固定箍筋和形成钢筋骨架。

2. 板内钢筋的配置

板在钢筋混凝土构件中属于受弯构件。板内配置有受力钢筋和分布钢筋两种,受力钢筋与分布钢筋的位置关系如图 1-4 所示。

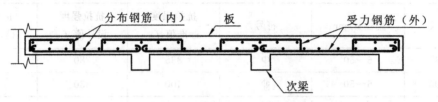

图 1-4　受力钢筋与分布钢筋的位置关系

1）受力钢筋

受力钢筋沿板的跨度方向在受拉区配置。单向板中,受力钢筋沿短向布置;四边支承板中,沿长短边方向均应布置受力钢筋。

2）分布钢筋

分布钢筋布置在受力钢筋的内侧,与受力钢筋垂直。分布钢筋的作用是将板面上的荷载均匀地传给受力钢筋,同时在浇筑混凝土时固定受力钢筋的位置,并且能抵抗温度应力和收缩应力。

3. 柱内钢筋的配置

柱在钢筋混凝土构件中起受压、受弯作用。柱根据外形不同有普通箍筋柱和螺旋箍筋柱两种。柱内配置的钢筋有纵向钢筋和箍筋。

纵向钢筋主要起承受压力的作用;箍筋起限制横向变形的作用,有助于抗压强度的提高和纵向钢筋定位,并与纵筋形成钢筋骨架。柱内箍筋应采用封闭式。

4. 墙内钢筋的配置

钢筋混凝土墙内根据需要可配置单层或双层钢筋网片,墙体钢筋网片主要由竖筋和横筋组成。竖筋的作用主要是承受水平荷载对墙体产生的拉应力,横筋主要用于固定竖筋的位置并承受一定的剪力作用。在设置双层钢筋网片的墙体中,为了保证两钢筋网片的正确位置,通常应在两片钢筋网片之间设置撑铁。

任务 2　平法基础知识

一、平法的概念

建筑结构施工图平面整体设计方法(简称平法),是对目前我国混凝土结构施工图的设计表示方法进行的重大改革,被国家科技部和住建部列为科技成果重点推广项目。

平法的表达形式,概括来讲,就是把结构构件的尺寸和配筋等,按照平面整体表示方法制图规则,整体直接表达在各类构件的结构平面布置图上,再与标准构造详图相配合,即构成一套完整的结构设计。它改变了传统的那种将构件从结构平面布置图中索引出来,再逐个绘制配筋详图、画出钢筋表的烦琐方法。

按平法设计绘制的施工图,一般是由两大部分构成,即各类结构构件的平法施工图和标准构造详图;但对于复杂的工业与民用建筑,则还需增加模板、预埋件和开洞等平面图。只有在特殊情况下才需增加剖面配筋图。

按平法设计绘制结构施工图时,应明确以下几个方面的内容。

(1) 必须根据具体工程设计,按照各类构件的平法制图规则,在按结构(标准)层绘制的平面布置图上直接表示各构件的配筋、尺寸和所选用的标准构造详图。出图时,宜按基础、柱、剪力墙、梁、板、楼梯及其他构件的顺序排列。

(2) 应将所有各构件进行编号,编号中含有类型代号和序号等。其中,类型代号的主要作用是指明所选用的标准构造详图。在标准构造详图上,已经按其所属构件类型注明代号,以明确该详图与平法施工图中相同构件的互补关系,使二者结合构成完整的结构设计图。

(3) 应当用表格或其他方式注明包括地下和地上各层的结构层楼(地)面标高、结构层高及相应的结构层号。

在单项工程中其结构层楼(地)面标高和结构层高必须统一,以确保基础、柱与墙、梁、板等用同一标准竖向定位。为了便于施工,应将统一的结构层楼(地)面标高和结构层高分别放在柱、墙、梁等各类构件的平法施工图中。

> **注**:结构层楼(地)面标高是指将建筑图中的各层地面和楼面标高值扣除建筑面层及垫层做法厚度后的标高,结构层号应与建筑楼(地)面层号对应一致。

(4) 按平法设计绘制施工图,为了能够保证施工员准确无误地按平法施工图进行施工,在具体工程的结构设计总说明中必须写明以下与平法施工图密切相关的内容。

① 选用平法标准图的图集号。

② 混凝土结构的使用年限。

③ 有无抗震设防要求。

④ 写明各类构件在其所在部位所选用的混凝土的强度等级和钢筋级别,以确定相应纵向受拉钢筋的最小搭接长度及最小锚固长度等。

⑤ 写明柱纵筋、墙身分布筋、梁上部贯通筋等在具体工程中需接长时所采用的接头形式及有关要求。必要时,还应注明对钢筋的性能要求。

⑥ 当标准构造详图中有多种可选择的构造做法时,应写明在何部位选用何种构造做法。当没有写明时,则表示设计人员自动授权施工员可以任选一种构造做法进行施工。

⑦ 对混凝土保护层厚度有特殊要求时,应写明不同部位的构件所处的环境类别和在平面布置图上表示各构件配筋和尺寸的方式,分为平面注写方式、截面注写方式和列表注写方式三种。

二、平法的特点

从1991年10月平法首次运用于济宁工商银行营业楼的设计,到此后的3年在几十项工程设计上的成功实践,平法的理论与方法体系向全社会推广的时机已然成熟。1995年7月26日,

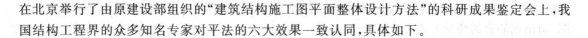

在北京举行了由原建设部组织的"建筑结构施工图平面整体设计方法"的科研成果鉴定会上,我国结构工程界的众多知名专家对平法的六大效果一致认同,具体如下。

1. 掌握全局

平法使设计者容易进行平衡调整,易校审,易修改,改图时不会涉及其他构件,易于控制设计质量。平法能适应业主分阶段、分层提图施工的要求,也能适应在主体结构开始施工后又进行大幅度调整的特殊情况。平法分结构层设计的图纸与水平逐层施工的顺序完全一致,对标准层可实现单张图纸施工,施工工程师对结构比较容易形成整体概念,有利于施工质量管理。平法采用标准化的构造详图,形象、直观,施工易懂、易操作。

2. 更简单

平法采用标准化的设计制图规则,结构施工图的表达符号化、数字化,单张图纸的信息量较大且集中,构件分类明确,层次清晰,表达准确,设计速度快,效率成倍提高。

3. 更专业

标准构造详图集国内较可靠、成熟的常规节点构造之大成,集中分类汇总后编制成国家建筑标准设计图集供设计选用,可避免反复抄袭构造做法及伴生的设计错误,确保节点构造在设计与施工两个方面均达到高质量。另外,对节点构造的研究、设计和施工实现专门化提出了更高的要求。

4. 高效率

平法大幅度提高了设计效率,能快速解放生产力,迅速缓解基本建设高峰时期结构设计人员紧缺的局面。在推广平法比较早的建筑设计院,结构设计人员与建筑设计人员的比例已明显改变,结构设计人员在数量上已经少于建筑设计人员,有些设计院中结构设计人员的数量只是建筑设计人员数量的二分之一至四分之一,结构设计周期明显缩短,结构设计人员的工作强度已显著降低。

5. 低能耗

平法大幅度降低了设计消耗,降低设计成本,节约自然资源。平法施工图是定量化、有序化的设计图纸,与其配套使用的标准设计图集可以重复使用,与传统方法相比图纸量减少了70%左右,综合设计工日减少三分之二以上,每十万平方米设计面积可降低设计成本27万元,在节约人力资源的同时还节约了自然资源。

6. 改变用人结构

平法促进人才分布格局的改变,实质性地影响了建筑结构领域的人才结构。设计单位对土木工程专业大学毕业生的需求量已经明显减少,为施工单位招聘结构人才留出了相当的空间,大量土木工程专业毕业生到施工部门择业逐渐成为普遍现象,使人才流向发生了比较明显的转变,人才分布趋向合理。随着时间的推移,高校培养的大批土建高级技术人才必将对施工建设领域的科技进步产生积极作用。平法促进结构设计水平的提高,促进设计院内的人才竞争。设计单位对年度毕业生的需求有限,自然形成了人才的就业竞争,竞争的结果自然应为比较优秀的人才有较多机会进入设计单位,长此以往,可有效提高结构设计队伍的整体素质。

三、平法制图与传统制图的图示方法的区别

(1)框架图中的梁和柱,以及平法制图中的钢筋图示方法,在施工图中只绘制梁、柱平面图,不绘制梁、柱中配置钢筋的立面图(梁不绘制截面图;而柱在其平面图上,只按编号的不同各取一个在原位放大,绘制出带有钢筋配置的柱截面图)。

(2)传统的框架图中的梁和柱,既绘制梁、柱平面图,同时也绘制梁、柱中配置钢筋的立画图及其截面图;但在平法制图中的钢筋配置,可省略这些图,直接查阅《混凝土结构施工图平面整体表示方法制图规则和构造详图》标准图集。

(3)传统的混凝土结构施工图,可以直接从其绘制的详图中读取钢筋配置尺寸,而平法制图则需要在《混凝土结构施工图平面整体表示方法制图规则和构造详图》标准图集中查找相应的详图,而且钢筋的大小尺寸和配置尺寸,均以"相关尺寸"(包括跨度、钢筋直径、搭接长度、锚固长度等)为变量的函数来表达,而不是具体数字,借此来实现其标准图的通用性。概括地说,平法制图使混凝土结构施工图的内容简化了。

(4)柱与剪力墙的平法制图,均以施工图列表注写方式,表达其相关规格与尺寸。

(5)平法制图中的突出特点,表现在梁的"原位标注"和"集中标注"上。"原位标注"概括地说分为两种:①标注在柱子附近处且在梁上方的钢筋,是承受负弯矩的,其钢筋布置在梁的上部;②标注在梁中间且在梁下方的钢筋,是承受正弯矩的,其钢筋布置在梁的下部。"集中标注"是从梁平面图的梁处引铅垂线至图的上方,注写梁的编号、挑梁类型、跨数、截面尺寸、箍筋直径、箍筋肢数、箍筋间距、梁侧面纵向构造钢筋或受扭钢筋的直径和根数、通长筋的直径和根数等。如果"集中标注"中有通长筋时,则"原位标注"中的负筋数包含通长筋的数量。

(6)在传统的混凝土结构施工图中,计算斜截面的抗剪强度时,应在梁中配置45°或60°的弯起钢筋。而在平法制图中,梁不配置这种弯起钢筋,而是由加密的箍筋来承受其斜截面的抗剪强度。

任务 3 平法施工图通用规则介绍

一、G101平法图集的发行情况

G101平法图集的发行情况,见表1-2。

表 1-2　G101 平法图集的发行情况

年　　月	大　事　记	说　　明
1995 年 7 月	平法通过了原建设部科技成果鉴定	
1996 年 6 月	平法列为原建设部 1996 年科技成果重点推广项目	
1996 年 9 月	平法被批准为"国家级科技成果重点推广计划"	
1996 年 11 月	《96G101》发行	
2000 年 7 月	《96G101》修订为《00G101》	《96G101》、《00G101》、《03G101—1》讲述的均是梁、柱、墙构件
2003 年 1 月	《00G101》依据国家 2000 系列混凝土结构新规范修订为《03G101—1》	
2003 年 7 月	《03G101—2》发行	板式楼梯平法图集
2004 年 2 月	《04G101—3》发行	筏形基础平法图集
2004 年 11 月	《04G101—4》发行	楼面板及屋面板平法图集
2006 年 9 月	《06G101—6》发行	独立基础、条形基础、桩基承台平法图集
2009 年 1 月	《08G101—5》发行	箱形基础及地下室平法图集
2011 年 7 月	《11G101—1》发行	现浇混凝土框架、剪力墙、梁、板
2011 年 7 月	《11G101—2》发行	现浇混凝土板式楼梯
2011 年 7 月	《11G101—3》发行	独立基础、条形基础、筏形基础及桩基承台
2016 年 10 月	《16G101—1》、《16G101—2》、《16G101—3》发行	分册名称与 11G101 相同

二、混凝土结构的环境类别

混凝土结构的环境类别见表 1-3。

表 1-3　混凝土结构的环境类别

环境类别		条　　件
一		室内正常环境
二	a	室内潮湿环境;非严寒和非寒冷地区的露天环境,与无侵蚀性的水或土壤直接接触的环境
	b	严寒和寒冷地区的露天环境,与无侵蚀性的水或土壤直接接触的环境
三		使用除冰盐的环境;严寒和寒冷地区冬季水位变动的环境;滨海室外环境
四		海水环境
五		受人为或自然的侵蚀性物质影响的环境

注:严寒和寒冷地区的划分应符合国家标准《民用建筑热工设计规范》(GB 50176—2016)的规定。

三、钢筋的混凝土保护层厚度

钢筋的混凝土保护层厚度是指最外层钢筋外边缘至混凝土表面的距离。混凝土保护层的作用如下。

(1)保证混凝土与钢筋之间的握裹力,确保结构受力性能和承载力。混凝土与钢筋两种不同性质的材料共同工作,是保证结构构件承载力和结构性能的基本条件。混凝土是抗压性能较好的脆性材料,钢筋是抗拉性能较好的延性材料;这两种材料各以其抗压、抗拉性能优势相结合,构成了具有抗压、抗拉、抗弯、抗剪、抗扭等结构性能的各种结构形式的建筑物或构筑物。

混凝土与钢筋共同工作的保证条件是依靠混凝土与钢筋之间有足够的握裹力。握裹力由黏结力、摩擦力、咬合力和机械锚固力构成。

(2)保护钢筋不锈蚀,确保结构安全性和耐久性。混凝土中钢筋的锈蚀是一个相当漫长的过程。钢筋因受到外界介质的化学作用或电化学作用而逐渐破坏的现象,称为锈蚀。钢筋锈蚀不仅使截面有效面积减小,性能降低,甚至报废,而且由于产生锈坑,可造成应力集中,加速了结构的破坏。尤其在冲击荷载、循环交变荷载作用下,将产生锈蚀疲劳现象,使钢筋的抗疲劳强度大为降低,甚至出现脆性断裂。在混凝土中,钢筋锈蚀会使混凝土开裂,降低对钢筋的握裹力。

混凝土保护层对钢筋具有保护作用,同时混凝土中水泥水化的高碱度,使被包裹在混凝土构件中的钢筋表面形成钝化保护膜(简称钝化膜),这是混凝土能够保护钢筋的主要依据和基本条件。

纵向受力的普通钢筋及预应力钢筋,其混凝土保护层厚度(钢筋外边缘至混凝土表面的距离)不应小于钢筋的公称直径,并且应符合表1-4的规定。

表1-4　混凝土保护层的最小值

环境类别		板、墙、壳			梁			柱		
		≤C20	C25~C45	≥C50	≤C20	C25~C45	≥C50	≤C20	C25~C45	≥C50
一		20	15	15	30	25	25	30	30	30
二	a	—	20	20	—	30	30	—	30	30
	b	—	25	20	—	35	30	—	35	30
三		—	30	25	—	40	35	—	40	35

注:基础中纵向受力钢筋的混凝土保护层厚度不应小于40 mm;当无垫层时不应小于70 mm。

四、受拉钢筋的锚固长度

在受力过程中,受力钢筋可能会产生滑移,甚至会从混凝土中拔出而造成锚固破坏。为了防止此类现象的发生,可将受力钢筋在混凝土中锚固一定的长度,这个长度称为锚固长度。

《混凝土结构设计规范》(GB 50010—2010)中规定,当充分利用钢筋抗拉强度时,受拉钢筋的锚固长度应符合下列要求。

(1)基本锚固长度。

基本锚固长度应按下式计算。

普通钢筋：
$$l_{ab} = \alpha \frac{f_y}{f_t} d$$

预应力钢筋：
$$l_{ab} = \alpha \frac{f_{py}}{f_t} d$$

式中：l_{ab}——受拉钢筋的基本锚固长度；

f_y、f_{py}——普通钢筋、预应力钢筋的抗拉强度设计值，Ⅱ级；

f_t——混凝土轴心抗拉强度设计值，当混凝土强度等级高于 C60 时，按 C60 取值；

d——锚固钢筋的直径；

α—锚固钢筋的外形系数，按表 1-5 取用。

表 1-5　锚固钢筋的外形系数

钢筋类型	光圆钢筋	带肋钢筋	螺旋肋钢丝	三股钢绞线	七股钢绞线
α	0.16	0.14	0.13	0.16	0.17

注：光圆钢筋末端应做180°弯钩，弯后平直段长度不小于 $3d$，但作受压钢筋时可不做弯钩。

受拉钢筋的锚固长度应根据锚固条件按以下公式计算，并且不应小于 200 mm。
$$l_a = \xi_a l_{ab}$$

式中：l_a——受拉钢筋的锚固长度；

ξ_a——锚固长度修正系数。当带肋钢筋的公称直径大于 25 mm 时取 1.10；环氧树脂涂层带肋钢筋取 1.25；施工过程中易受扰动的钢筋取 1.10；当纵向受力钢筋的实际配筋面积大于其设计计算面积时，修正系数取设计计算面积与实际配筋面积的比值，但对有抗震设防要求及直接承受动力荷载的结构构件，不应考虑此项修正；锚固钢筋的保护层厚度为 $3d$ 时，修正系数可取 0.80；保护层厚度为 $5d$ 时，修正系数可取 0.7，中间按内插取值；当多于一项时可以连乘，但不应小于 0.6；对于预应力钢筋，可取 1.0。

（2）抗震锚固长度。

纵向受拉钢筋的抗震锚固长度应满足相应地震作用时，钢筋锚固应高于非抗震设计。

纵向受拉钢筋的抗震锚固长度 l_{aE} 应按下式计算。
$$l_{aE} = \xi_{aE} l_a$$

式中：ξ_{aE}——纵向受拉钢筋抗震锚固长度修正系数，对一、二级抗震等级取 1.15，对三级抗震等级取 1.05，对四级抗震等级取 1.00。

为了方便施工和造价人员查用，G101 系列图集中给出了受拉钢筋最小锚固长度，见表 1-6。

表 1-6　受拉钢筋的基本锚固长度 l_{ab}、抗震锚固长度 l_{aE}

钢筋种类	抗震等级	混凝土强度等级								
		C20	C25	C30	C35	C40	C45	C50	C55	>C60
HPB300	一、二级	$45d$	$39d$	$35d$	$32d$	$29d$	$28d$	$26d$	$25d$	$24d$
	三级	$41d$	$36d$	$32d$	$29d$	$26d$	$25d$	$24d$	$23d$	$22d$
	四级、非抗震	$39d$	$34d$	$30d$	$28d$	$25d$	$24d$	$23d$	$22d$	$21d$

续表

钢筋种类	抗震等级	混凝土强度等级								
		C20	C25	C30	C35	C40	C45	C50	C55	＞C60
HRB335	一、二级	44d	38d	33d	31d	29d	26d	25d	24d	24d
	三级	40d	35d	31d	28d	26d	24d	23d	22d	22d
	四级、非抗震	38d	33d	29d	27d	25d	23d	22d	21d	21d
HRB400	一、二级	—	46d	40d	37d	33d	32d	31d	30d	29d
	三级	—	42d	37d	34d	30d	29d	28d	27d	26d
	四级、非抗震	—	40d	35d	32d	29d	28d	27d	26d	25d
HRB500	一、二级	—	55d	49d	45d	41d	39d	37d	36d	35d
	三级	—	50d	45d	41d	38d	36d	34d	33d	32d
	四级、非抗震	—	48d	43d	39d	36d	34d	32d	31d	30d

五、钢筋的连接

钢筋的供货长度是有限的,常见的有 12 m 和 9 m,而构件的长度往往大于钢筋的供货长度,这就需要将钢筋连接起来使用,钢筋的连接处应设置在构件受力较小的位置。钢筋连接方式有绑扎连接、机械连接和焊接连接。

1. 纵向受力钢筋的绑扎连接

纵向受力钢筋的绑扎连接是钢筋连接是最常见的方式之一,具有施工操作简单的优点,但其连接强度较低,不适合大直径钢筋连接。《混凝土结构设计规范》(GB 50010—2010)中规定,当受拉钢筋 $d \geqslant 25$ mm 和受压钢筋 $d \geqslant 28$ mm 时,不宜采用绑扎连接。绑扎搭接连接比较浪费钢筋,目前主要应用于楼板钢筋的连接。

(1)纵向受拉钢筋搭接长度,见表 1-7。

表 1-7　纵向受拉钢筋搭接长度

纵向受拉钢筋绑扎搭接长度 l_l、l_{lE}	
抗震	非抗震
$l_{lE} = \xi_l l_{aE}$	$l_l = \xi_l l_a$

纵向受拉钢筋搭接长度修正系数 ξ_l			
纵向钢筋搭接接头面积百分率/(%)	≤25	50	100
ξ_l	1.2	1.4	1.6

注:① 当直径不同的钢筋搭接时,l_l、l_{lE} 按直径较小的钢筋计算。

② 任何情况下不应小于 300 mm。

③ 式中 ξ_l 为纵向受拉钢筋搭接长度修正系数。当纵向钢筋搭接接头百分率为表的中间值时,可按内插取值。

（2）在同一连接区段内，纵向受拉钢筋绑扎搭接接头宜相互错开。

无论采用何种连接方式，连接点都是钢筋最薄弱的环节，所以钢筋的连接接头宜相互错开，尽量避免在同一个位置连接。根据《混凝土结构设计规范》（GB 50010—2010）的规定，钢筋绑扎搭接接头连接区段的长度为 1.3 倍搭接长度，凡搭接接头中点位于连接区段长度内的搭接接头，均属于同一连接区段，如图 1-5 所示。

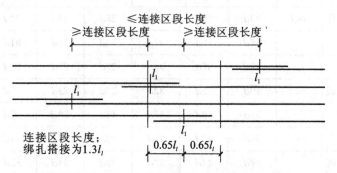

图 1-5　钢筋连接区段的规定

同一连接区段内纵向受力钢筋搭接接头面积百分率为该区段内有搭接接头的纵向受力钢筋与全部纵向受力钢筋截面面积的比值。位于同一连接区段内的受拉钢筋搭接接头面积百分率的取值为：①对于梁类、板类及墙类构件，不宜大于 25％；②对于柱类构件，不宜大于 50％。当工程中确有必要增大受拉钢筋搭接接头面积百分率时，对梁类构件，不宜大于 50％；对板、墙、柱及预制构件的拼接处，可根据实际情况放宽。

（3）纵向受压钢筋的搭接长度。

构件中的纵向受压钢筋采用搭接连接时，其受压搭接长度不应小于受拉钢筋搭接长度的 70％，并且不宜小于 200 mm。

（4）纵向受力钢筋搭接长度范围内应配置加密箍筋。

当采用搭接连接时，搭接连接长度范围内混凝土受到的劈裂应力比较大。为了延缓或限制劈裂裂缝的出现和发展，改善搭接效果，《混凝土结构设计规范》（GB 50010—2010）对搭接长度范围内的箍筋规定是纵向受力钢筋的搭接长度范围内应配置箍筋，其直径不应小于钢筋较大直径的 0.25。当钢筋受拉时，箍筋间距不应大于搭接钢筋较小直径的 5 倍，并且不应大于 100 mm；当钢筋受压时，箍筋间距不应大于搭接钢筋较小直径的 10 倍，并且不应大于 200 mm；当受压钢筋直径大于 25 mm 时，还应在搭接接头两端面外 100 mm 范围内各设置两道箍筋。

2. 纵向受力钢筋的机械连接

纵向受力钢筋机械连接的接头形式有套筒挤压连接接头、直螺纹套筒连接接头和锥螺纹套筒连接接头。

纵向受力钢筋的机械连接接头宜相互错开。钢筋机械连接区段的长度为 35d（d 为连接钢筋的较小直径）。凡接头中点位于该区段长度内的机械连接接头，均属于同一连接区段。位于同一连接区段内的纵向受力钢筋接头面积百分率不宜大于 50％；但对板、墙、柱及预制构件的拼接处，可根据实际情况放宽。纵向受压钢筋的接头面积百分率不受限制。

机械连接套筒的横向净距不宜小于 25 mm；套筒处箍筋的间距仍应满足相应的构造要求。

3. 纵向受力钢筋的焊接连接

纵向受力钢筋焊接连接的方法有闪光对焊、电渣压力焊等,根据《钢筋焊接及验收规程》(JGJ 18—2012)的规定,电渣压力焊只能用于柱、墙、构筑物等竖向构件的纵向钢筋的连接,不得用于梁、板等水平构件的纵向钢筋连接。

纵向受力钢筋的焊接接头应相互错开。钢筋焊接接头连接区段的长度为 $35d$(d 为连接钢筋的较小直径)且不小于 $500~mm$。凡接头中点位于该连接区段长度内的焊接接头,均属于同一连接区段,如图 1-6 所示。

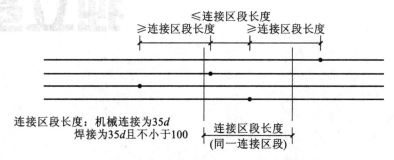

图 1-6 同一连接区段内纵向受拉钢筋机械连接及焊接接头

六、建筑上部结构和下部结构的分界

在计算墙、柱等竖向构件的纵筋工程量时,找到竖向构件的起始位置很重要,这个位置就是上部结构和下部结构的分界,这个分界通常就是上部结构的嵌固部位。上部结构的嵌固部位通常分为有地下室和无地下室两种情况。

(1)采用条形基础、独立基础、筏形基础等没有地下室的建筑结构,一般嵌固部位在基础顶面。

(2)采用桩箱基础等具有地下室的建筑结构,嵌固部位可能在基础顶面,也可能在地下室顶板。

独立基础

任务 **1** 独立基础平法施工图制图规则

一、独立基础平法识图的学习方法

独立基础构件的平法制图规则的知识体系如图 2-1 所示。

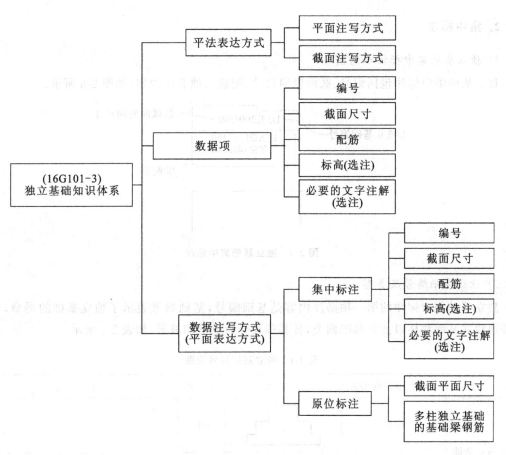

图 2-1　独立基础知识体系

二、独立基础平法识图

1. 独立基础的平面注写方式

独立基础的平面注写方式是指直接在独立基础平面布置图上进行数据项的标注,可分为集中标注和原位标注两部分内容,如图 2-2 所示。

集中标注是在基础平面布置图上集中引注基础编号、截面竖向尺寸、配筋三项必注内容,以及基础底面标高(基础底面基准标高不同时)和必要的文字注解两项选注内容。

原位标注是在基础平面布置图上标注独立基础的平面尺寸。

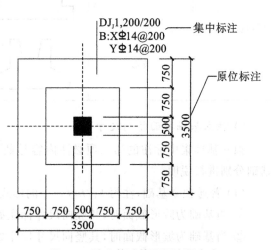

图 2-2　独立基础的平面注写方式

2. 集中标注

1）独立基础集中标注示意图

独立基础集中标注包括编号、截面竖向尺寸、配筋三项必注内容,如图 2-3 所示。

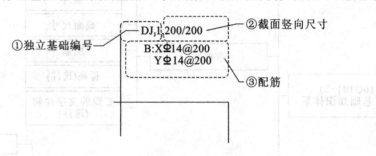

图 2-3　独立基础集中标注

2）独立基础编号及类型

独立基础集中标注的第一项必注内容是基础编号,基础编号表示了独立基础的类型,可分为普通独立基础和杯口独立基础两类,各基础又分为阶形和坡形,如表 2-1 所示。

表 2-1　独立基础编号识图

类　　型	基础底板截面形式	示　意　图	代　号	序　　号
普通独立基础	阶形		DJ_J	××
	坡形		DJ_P	××
杯口独立基础	阶形		BJ_J	××
	坡形		BJ_P	××

3）独立基础截面竖向尺寸

独立基础集中标注的第二项必注内容是截面竖向尺寸。下面对普通独立基础和杯口独立基础分别进行说明。

（1）普通独立基础,注写 $h_1/h_2/\cdots\cdots$ 的形式,具体标注如下。

① 当基础为阶形截面时,其竖向尺寸标注如图 2-4 所示。

② 当基础为坡形截面时,其竖向尺寸标注如图 2-5 所示。

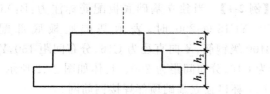

图 2-4　阶形截面普通独立基础的竖向尺寸标注

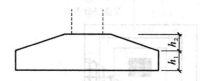

图 2-5　坡形截面普通独立基础的竖向尺寸标注

（2）杯口独立基础。

① 当基础为阶形截面时，其竖向尺寸分两组，一组表达杯口内尺寸，另一组表达杯口外尺寸，两组尺寸以"，"分隔，注写为 a_0/a_1，h_1/h_2……的形式，具体如图 2-6 至图 2-9 所示。

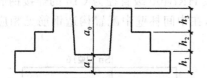

图 2-6　阶形截面杯口独立基础竖向尺寸标注（一）

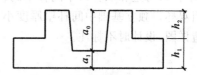

图 2-7　阶形截面杯口独立基础竖向尺寸标注（二）

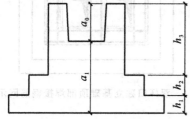

图 2-8　阶形截面高杯口独立基础竖向尺寸标注（一）

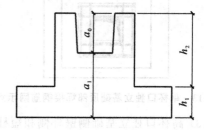

图 2-9　阶形截面高杯口独立基础竖向尺寸标注（二）

② 当基础为坡形截面时，注写为 a_0/a_1，$h_1/h_2/h_3$……的形式，具体如图 2-10 和图 2-11 所示。

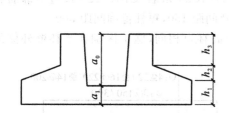

图 2-10　坡形截面杯口独立基础竖向尺寸标注

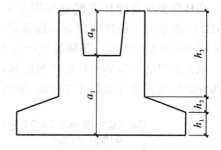

图 2-11　坡形截面高杯口独立基础竖向尺寸标注

4）独立基础的配筋

独立基础集中标注的第三项必注内容是配筋，独立基础的配筋有如下五种情况。

（1）独立基础底板底部配筋。

独立基础底板底部配筋表示方法可分为普通独立基础和杯口独立基础两种。

注写独立基础底板配筋时，普通独立基础和杯口独立基础的底部双向配筋注写规定分别如下。

① 以 B 代表各种独立基础底板的底部配筋。

② X 向配筋以 X 开头注写，Y 向配筋以 Y 开头注写；当两向配筋相同时，则以 X&Y 开头注写。

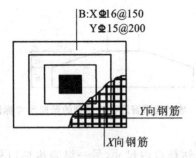

图 2-12　独立基础底板底部双向配筋示意图

【例 2-1】 当独立基础底板配筋标注为：B：XC16 @150，YC16 @ 200 时，表示基础底板底部配置 HRB400 级钢筋，X 向直径为 C16，分布间距 150，Y 向直径为 C16，分布间距为 200。具体如图 2-12 所示。

（2）杯口独立基础顶部焊接钢筋网。

① 以 Sn 开头引注杯口顶部焊接钢筋网的各边钢筋，如图 2-13 所示，表示杯口顶部每边配置 2 根 HRB400 级直径为 C14 的焊接钢筋网。

② 双杯口独立基础顶部焊接钢筋网，如图 2-14 所示，表示杯口每边和双杯口中间杯壁的顶部均配置 2 根 HRB400 级直径为 C16 的焊接钢筋网。

当双杯口独立基础中间杯壁厚度小于 400 mm 时，在中间杯壁中配置构造钢筋见相应的标准构造详图，设计时不标注。

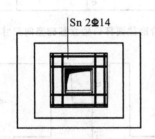

图 2-13　单杯口独立基础顶部焊接钢筋网示意图

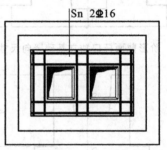

图 2-14　双杯口独立基础顶部焊接钢筋网示意图

（3）高杯口独立基础侧壁外侧和短柱配筋。

以 O 代表杯壁外侧和短柱配筋。先注写杯壁外侧和短柱纵筋，再注写箍筋，注写形式为：角筋/长边中部筋/短边中部筋，箍筋（两种间距）。当杯壁水平截面为正方形时，注写形式为：角筋/X 向中部筋/Y 向中部筋，箍筋（两种间距，杯口范围内箍筋间距/短柱范围内箍筋间距）。

高杯口独立基础杯壁配筋如图 2-15 所示，表示高杯口独立基础的杯壁外侧和短柱配置 HRB400 级竖向钢筋和 HPB300 级箍筋。其竖向钢筋为：4C20 角筋、C16@220 长边中部筋和 C16 @200 短边中部筋。其箍筋直径为 B10，杯口范围及间距 150，短柱范围间距 300。

双高杯口独立基础的杯壁外侧配筋，注写形式与单高杯口相同，施工区别在于杯壁外侧配筋为同时环绕两个杯口的外壁配筋，如图 2-16 所示。

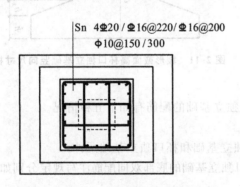

图 2-15　高杯口独立基础杯壁配筋示意图

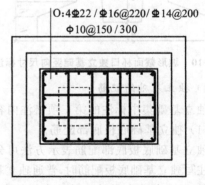

图 2-16　双高杯口独立基础杯壁配筋示意图

当双高杯口独立基础中间杯壁厚度小于400 mm时,在中间杯壁中配置构造钢筋见相应标准构造详图,设计时不标注。

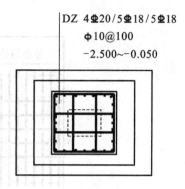

DZ 4Φ20/5Φ18/5Φ18
Φ10@100
$-2.500 \sim -0.050$

(4)普通独立深基础短柱竖向尺寸及钢筋。

独立基础集中标注的配筋信息的第四种情况,是以 DZ 打头的配筋,是指普通独立深基础短柱竖向尺寸及钢筋。其标注形式为先注写短柱纵筋,再注写箍筋,最后注写短柱标高范围。

短柱竖向尺寸及钢筋注写格式为:角筋/长边中部筋/短边中部筋,箍筋,短柱标高范围。如图 2-17 所示,表示独立基础的短柱设置在 $-2.500 \sim -0.050$ 高度范围内,配置 HRB400 级竖向钢筋和 HPB300 级箍筋。其竖向钢筋为:4C20 角筋、5C18 的 X 向中部筋和 5C18 的 Y 向中部筋;其箍筋直径为 A10,间距为 100。

图 2-17 独立基础短柱配筋示意图

(5)多柱独立基础底板顶部配筋。

独立基础通常为单柱独立基础,也可为多柱独立基础(双柱或四柱等)。当为双柱独立基础时,通常仅基础底部配筋;当柱距离较大时,除基础底部配筋外,还需在两柱间配置,顶部一般要配置基础顶部钢筋或配置基础梁;当为四柱独立基础时,通常可设置两道平行的基础梁,需要时可在两道基础梁之间配置基础顶部钢筋。基础梁的平法识图及钢筋构造图等内容详见本书中介绍筏形基础的相关内容。

以 T 开头的配筋,就是指多柱独立基础的底板顶部配筋。

① 双柱独立基础柱间配置顶部钢筋。

其标注方式如图 2-18 所示,先注写受力筋,再注写分布筋。T:11C18@100/A10@200 表示独立基础顶部配置 HRB400 级纵向受力钢筋,其直径为 C18,设置 11 根,间距为 100;分布筋为 HPB300 级,直径为 A10,分布间距为 200。

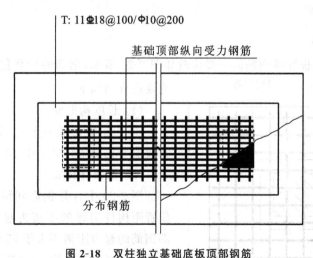

T: 11Φ18@100/Φ10@200

基础顶部纵向受力钢筋

分布钢筋

图 2-18 双柱独立基础底板顶部钢筋

② 四柱独立基础底板顶部基础梁间配筋。

其标注方式如图 2-19 所示。先注写受力筋,再注写分布筋。T:C16@120/A10@200 表示在四柱独立基础顶部两道基础梁之间配置 HRB400 级受力钢筋,其直径为 C16,间距为 120;分

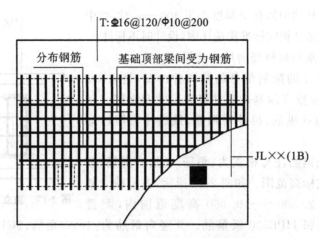

图 2-19　四柱独立基础底板顶部配筋

布筋为 HPB300 级,直径为 A10,分布间距为 200。

任务 2　独立基础钢筋构造

一、独立基础底板底部钢筋计算

1. 矩形独立基础

1) 钢筋构造要点

矩形独立基础底板底部钢筋的一般构造如图 2-20 所示,钢筋的计算包括长度和根数,其构造要点分别如下。

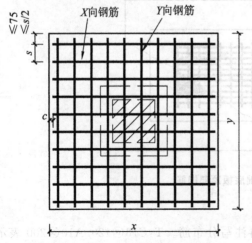

图 2-20　矩形独立基础底筋一般情况

(1) 长度构造要点。

图 2-20 中,c 是钢筋端部混凝土保护层厚度,其取值参见图集《16G101—3》中第 55 页。

(2) 根数计算要点。

图 2-20 中,s 是钢筋间距,第一根钢筋布置的位置距构件边缘的距离为起步距离,独立基础底部钢筋的起步距离不大于 75 mm 且不大于 $s/2$,用数学公式可以表示为 $\min(75, s/2)$。

2) 钢筋计算公式

以 X 向钢筋为例,其计算公式为

长度 $= x - 2c$

$$根数＝[y－2×\min(75,s/2)]/(s＋1)$$

2. 长度缩减10％的构造

当底板长度不小于2 500 mm时,长度缩减10％时,独立基础分为对称、不对称两种情况。

1）对称独立基础

（1）钢筋构造要点。

对称独立基础底板底部钢筋长度缩减10％的构造如图2-21所示。其构造要点为：当独立基础底板长度≥2 500 mm时,除各边最外侧钢筋外,两向其他钢筋可相应缩减10％。

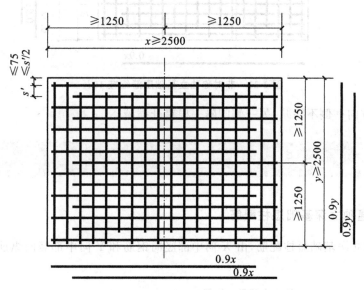

图2-21 对称独立基础底筋缩减10％构造

（2）钢筋计算公式。

以X向钢筋为例,其计算公式如下。

① 各边外侧钢筋不缩减：外侧钢筋长度＝$x－2c$

② 两向(X,Y)其他钢筋：钢筋长度＝$x－c－0.1l_x$

2）非对称独立基础

（1）钢筋构造要点。

非对称独立基础底板底部钢筋缩减10％的构造如图2-22所示,其构造要点如下。

当独立基础底板长度≥2 500 mm时,各边最外侧钢筋不缩减。对称方向（如图2-22中的Y向）的中部钢筋长度缩减10％。非对称方向：当基础某侧从柱中心至基础底板的距离＜1 250 mm时,该侧钢筋不缩减；当基础某侧从柱中心至基础底板边缘的距离≥1 250 mm时,该侧钢筋隔一根缩减一根。

（2）钢筋计算公式。

以X向钢筋为例,其计算公式如下。

① 各边外侧钢筋不缩减：长度＝$x－2c$

② 对称方向中部钢筋缩减10％：长度＝$y－c－0.1l_y$

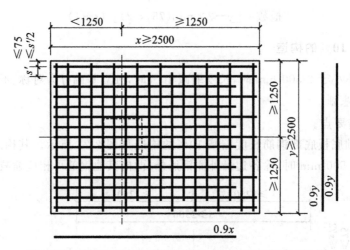

图 2-22 非对称独立基础底筋缩减 10％

③ 非对称方向一侧不缩减,另一侧间隔一根错开缩减。

二、普通独立深基础短柱竖向尺寸及钢筋计算

1. 单柱普通独立深基础短柱配筋

单柱普通独立深基础短柱配筋,由 X 向中部竖向钢筋和 Y 向中部竖向纵筋组成,如图 2-23 所示。

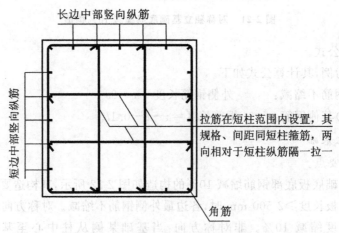

图 2-23 单柱普通独立深基础短柱配筋

2. 双柱普通独立深基础短柱配筋

双柱普通独立深基础短柱配筋,由长边中部竖向纵筋和短边中部竖向纵筋组成,如图 2-24 所示。

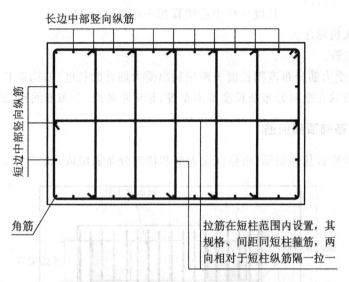

图 2-24　双柱普通独立深基础短柱配筋

三、多柱独立基础底板顶部钢筋

1. 双柱独立基础底板顶部配筋

双柱独立基础底板顶部钢筋,由纵向受力筋和横向分布筋组成,如图 2-25 所示。

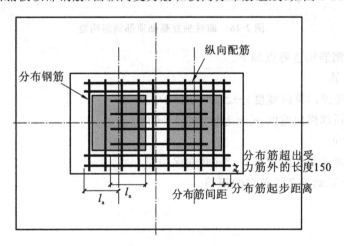

图 2-25　普通双柱独立基础顶部配筋

对照上图,钢筋构造要点如下。

(1) 纵向受力筋。

① 布置在柱宽度范围内纵向受力筋,其计算公式如下。

$$长度=柱内侧边算起+两端锚固 \ l_n$$

② 布置在柱宽度范围以外的纵向受力筋,其计算公式如下。

$$长度＝柱中心线算起＋两端锚固 H_n$$

根数由设计人员标注。

（2）横向分布筋。

长度＝纵向受力筋分布范围长度＋两端超出受力筋外的长度（取构造长度 150 mm）

横向分布筋根数在纵向分布筋长度范围布置，起步距离取"分布筋间距/2"。

2. 四柱独立基础顶部钢筋

四柱独立基础底板顶部钢筋，由纵向受力筋和横向分布筋组成，如图 2-26 所示。

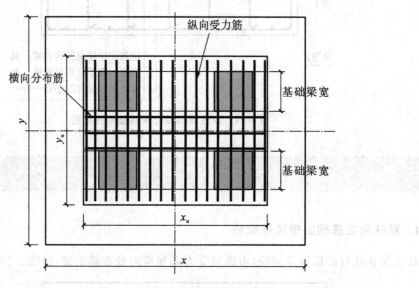

图 2-26　四柱独立基础顶部钢筋构造

对照图 2-26，钢筋构造要点如下。

（1）纵向受力筋。

长度＝y_u（基础顶部纵向宽度）－2c（两端保护层）

根数＝（基础顶部横向宽度 x_u－起步距离）/间距＋1

（2）横向分布筋。

长度＝x_u（基础顶部横向宽度）－2c（两端保护层）

根数为在两根基础梁之间布置的钢筋。

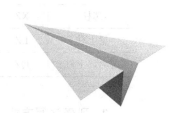

学习情境 3

柱构件

任务 1 柱平法施工图的制图规则

一、柱平法施工图的表示方法

（1）柱平法施工图是在柱平面布置图上采用列表注写方式或截面注写方式来表达的。

（2）柱平面布置图，可采用适当的比例单独绘制，也可与剪力墙平面布置图合并绘制。

（3）在柱平法施工图中，应按规定注明各结构层的楼面标高、结构层高及相应的结构层号，还应注明上部结构嵌固部位位置。

二、柱平法施工图注写方式

柱平法施工图是在结构柱平面布置图上,采用列表注写方式或截面注写方式对柱的信息进行表达的方式。

1. 柱的编号规定

在平法柱施工图中,各种柱均按照表 3-1 的规定来编号,同时,对应的标准构造详图也标注了编号中的相同代号。柱编号不仅可以区分不同的柱,还将作为信息纽带在柱平法施工图与相应的标准构造详图之间建立起明确的联系,使在平法施工图中表达的设计内容与相应的标准构造详图合并构成完整的柱结构设计。

表 3-1　柱编号

柱 类 型	代号	序号	特　征
框架柱	KZ	XX	柱根部嵌固在基础或地下结构上,并与框架梁刚性连接构成框架
框支柱	KZZ	XX	柱根部嵌固在基础或地下结构上,并与框支梁刚性连接构成框支结构,框支结构以上转换为剪力墙结构
芯柱	XZ	XX	设置在框架柱、框支柱、剪力墙柱核心部位的暗柱
梁上柱	LZ	XX	支承在梁上的柱
剪力墙上柱	QZ	XX	支承在剪力墙顶部的柱

2. 列表注写方式

列表注写方式,是指在柱平面布置图上(一般只需要采用适当比例绘制一张柱平面布置图,包括框架柱、框支柱、梁上柱和剪力墙上柱),分别在同一编号的柱中选择一个(有时需要选择几个)截面标注几何参数代号;在柱表中注写柱号、柱段起止标高、几何尺寸(含柱截面对轴线的偏心情况)与配筋的具体数值,并配以各种柱截面形状及其箍筋类型的方式,来表达柱平法施工图(见图 3-1)的方式。

柱表的注写内容主要包括以下几项。

(1)注写柱编号。柱编号由类型代号和序号组成,其应符合表 3-1 中柱编号的规定。

(2)注写各段柱的起止标高,自柱根部往上以变截面位置或截面未变但配筋改变处为界分段注写。框架柱和框支柱的根部标高是指基础顶面标高,芯柱的根部标高是指根据结构实际需要而定的起始位置标高,梁上柱的根部标高是指梁顶面标高。剪力墙上柱的根部标高分为两种:当柱纵筋锚固在墙顶部时,其根部标高为墙顶面标高;当柱与剪力墙重叠一层时,其根部标高为墙顶面往下一层的结构楼层面标高。

(3)对于矩形柱,注写柱截面尺寸 $b×h$ 及与轴线关系的几何参数代号 b_1、b_2 和 h_1、h_2 的具

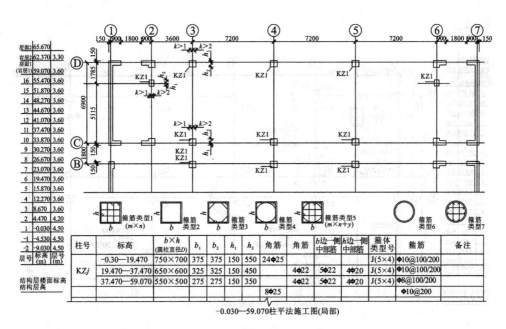

图 3-1　柱表平法施工图

体数值,须对应与各段柱分别注写。对于圆柱,表中 $b×h$ 一栏改用在圆柱直径数字前加 d 表示。

(4)注写柱纵筋。当柱纵筋直径相同,各边根数也相同时(包括矩形柱、圆柱和芯柱),将纵筋注写在"全部纵筋"一栏中;除此之外,将柱纵筋分为角筋、截面 b 边中部筋和 h 边中部筋三项分别注写。

(5)注写箍筋类型号及箍筋肢数,在箍筋类型栏内注写并绘制柱截面形状及其箍筋类型号。

(6)注写柱箍筋,包括钢筋级别、直径与间距等。

① 当为抗震设计时,用斜线"/"区分柱端箍筋加密区与柱身非加密区长度范围内箍筋的不同间距。

例:φ10@100/250,表示箍筋为Ⅰ级钢筋,直径 $\phi10$,加密区间距为 100,非加密区间距为 250。

② 当箍筋沿柱全高为一种时,则不使用"/"线。

例:φ10@100,表示箍筋为Ⅰ级钢筋,直径 $\phi10$,间距为 100,沿柱全高加密。

③ 当圆柱采用螺旋箍筋时,需在箍筋前加"∟"。

例:∟φ10@100/200,表示采用螺旋箍筋,Ⅰ级钢筋,直径 $\phi10$,加密区间距为 100,非加密区间距为 200。

3. 截面注写方式

截面注写方式,是指在柱平面布置图上,分别在不同编号的柱中各选一个截面,在其原位上以一定比例放大绘制柱截面配筋图,注写柱编号、截面尺寸 $b×h$、角筋或全部纵筋、箍筋的级别、直径及加密区与非加密区的间距。同时,在柱截面配筋图上还应标注柱截面与轴线的关系,如

图 3-2 所示。

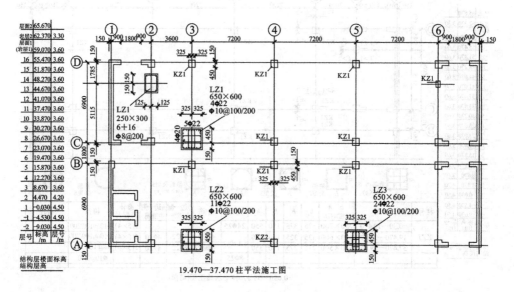

图 3-2 截面平法施工图

任务 2 框架柱构件钢筋计算

无论哪种柱的配筋,也不论是基础部分的,还是中间楼层的,或是顶层的配筋,都主要分为纵向钢筋与箍筋,但是它们彼此之间又是各不相同的。下面对各类柱的配筋构造逐一进行介绍。

一、框架柱(KZ)内插筋计算

柱的插筋分为基础插筋与中间楼层变截面或纵筋变直径时的插筋。

1. KZ柱的基础插筋

KZ柱的基础插筋是指 KZ柱伸入基础底板的纵筋。

由图 3-3 可知,柱插筋伸入基础底板中有如下两种情况。

(1)基础板厚不大于 200 mm,同时底部与顶部均配置钢筋网,这时柱插筋插至基础板底部支在底部钢筋网上,再弯折。

(2)基础板厚大于 200 mm,同时底部、顶部与中部均配置钢筋网,这时柱插筋插至基础板中

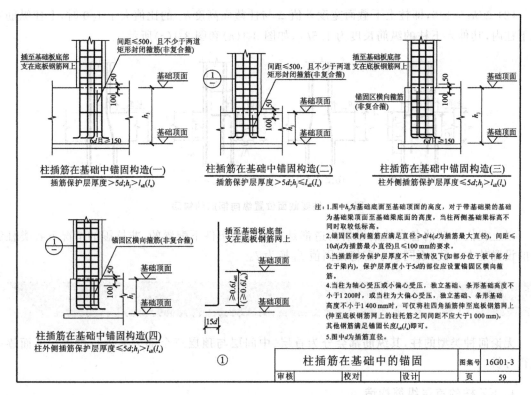

图 3-3　柱插筋在基础中的锚固

部支在中层钢筋网上,再弯折。插筋的竖直长度与弯钩(即弯折)长度见表 3-2。

表 3-2　插筋的竖直长度与弯钩长度

竖 直 长 度	弯钩长度 a
$h \geqslant 0.5 l_{aE} (\geqslant 0.5 l_a)$	$12d$ 且 $\geqslant 150$
$h \geqslant 0.6 l_{aE} (\geqslant 0.6 l_a)$	$10d$ 且 $\geqslant 150$
$h \geqslant 0.7 l_{aE} (\geqslant 0.7 l_a)$	$8d$ 且 $\geqslant 150$
$h \geqslant 0.8 l_{aE} (\geqslant 0.8 l_a)$	$6d$ 且 $\geqslant 150$

注:h 为基础厚度,l_{aE} 为抗震锚固长度,l_a 为非抗震锚固长度,d 为纵筋直径。

也就是说,基础层中的柱纵筋长度为:①max{基础底板厚－保护层厚度,$0.5 l_{aE} (0.5 l_a)$}＋弯钩长度;②max{1/2 基础底板厚(伸至基础中部钢筋网位置止),$0.5 l_{aE} (0.5 l_a)$}＋弯钩长度。

2. 变截面柱的纵向钢筋构造

当柱到一定楼层时,根据结构设计要求,有时会有发生变截面或纵筋变直径的情况,这样就可能产生中间层插筋。

柱变截面的纵筋配置有如下两种情况。

(1) $\Delta / h_b \leqslant 1/6$,即柱上下截面宽度差值 Δ 与柱截面高度 h_b 的比值不大于 1/6 时,柱纵筋可弯折伸入上柱搭接,如图 3-4(b)和图 3-4(d)所示。

（2）$\Delta/h_b>1/6$，即柱上下截面宽度差值 Δ 与柱截面高度 h_b 的比值大于 $1/6$ 时，上柱纵筋锚入下柱内，其伸入下柱的纵筋长度为 $1.5l_{aE}$，如图 3-4(a)和图 3-4(c)所示。

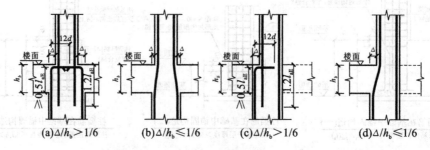

图 3-4　柱变截面位置纵向钢筋的锚固

以上我们了解的各类柱的纵筋构造都是在抗震的条件下配置的，非抗震的情况下各类柱纵筋的设置基本一致，不同在于需将锚固值 l_{aE} 换为 l_a。

二、框架柱（KZ）的纵筋计算

无论何种类型的柱，其纵筋都会分为首层、中间层与顶层三个部分来进行设置。下面逐一进行分析。

1．KZ 柱的首层纵筋构造

KZ 柱的首层纵筋从基础顶面的嵌固部位算至上一楼层的楼面标高为止，即通常所说的层高范围。但在实际施工中，通常会将下层柱纵筋预留一定长度，待浇筑完毕后，再在此基础上继续制作第二层柱筋，进行浇筑，这样就会产生纵筋的搭接。柱纵筋搭接的方式有多种，绑扎搭接、机械连接、焊接等，搭接方式的不同就会影响到纵筋长度的计算。

2．KZ 柱的中间层纵筋构造

KZ 柱的中间层纵筋从当前楼层楼面标高算至上一楼层的楼面标高为止，其构造同首层柱纵筋，此处不再赘述。

3．KZ 柱的顶层纵筋构造

顶层柱纵筋自当前层楼面标高算至当前层梁底（或板底）标高，再锚入顶层梁（或顶层板）中，即

角柱顶层纵筋长度＝层净高 H_n＋顶层钢筋锚固值

顶层柱因其所处位置的不同，分为角柱、边柱和中柱三类，各类柱纵筋的顶层锚固长度也因此各不相同。

下面具体分析各类柱的顶层锚固情况。

1）角柱

关于角柱顶层锚固的分析有五种情况，在什么情况下采用哪种构造形式，这是我们所关心的问题；同时，采用的其中的某种构造形式如何锚固，这也是需要解决的问题。

在实际操作中，可以按配筋数量的多少进行划分，例如：①遇到梁上部钢筋和柱外侧钢筋数量较少的民用或公用建筑的框架结构中，可以采用做法 A 和做法 B；②遇到梁上部钢筋和柱外

侧钢筋数量较多的民用或公用建筑的框架结构中,可以采用做法 C、做法 D 和做法 E。

如何区分钢筋数量的多少呢? 这里就需要用到配筋率这个概念。当配筋率≤1.2%时,钢筋的数量就偏少;当配筋率>1.2%时,钢筋的数量就偏多了。下面分别具体介绍做法 A 至做法 E。

(1) 做法 A。

遇到梁上部纵筋和柱外侧纵筋数量不一致过多的民用或公用建筑的框架结构中,应优先采用做法 A。做法 A 中纵筋顶层锚固的方式如图 3-5 所示。

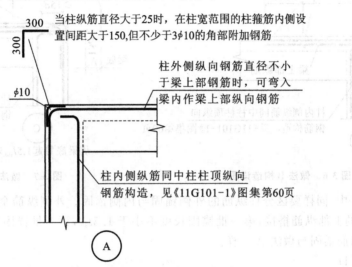

图 3-5 柱筋作为梁上部钢筋使用

由图 3-5 可知,柱纵筋的锚固分为内侧和外侧两种情况。角柱的外侧纵筋有两侧:B 边和 H 边各一侧;那么剩下两侧就是内侧纵筋了。

① 外侧钢筋的锚固。角柱的外侧纵筋分两层配置。

当为柱顶部第一层纵筋时:占柱外侧纵筋至少 65% 的纵筋锚入梁内,其锚固长度不小于 $1.5l_{aE}$;其余纵筋伸至柱内边弯下,其水平弯折段伸至柱内边后向下弯折 $8d$ 后折断,即

$$锚固长度 = 梁高 - 保护层 + 柱宽 - 保护层 + 8d$$

当为柱顶部第二层纵筋时,其水平弯折段伸至柱内边后截断,即

$$锚固长度 = 梁高 - 保护层 + 柱宽 - 保护层$$

② 内侧纵筋的锚固。角柱的内侧纵筋的锚固就较为简单,分为直锚和弯锚两种形式。

当内侧纵筋的直锚长度,即伸入梁内的直段长小于 l_{aE} 时,使用弯锚形式,将柱纵筋伸至柱顶后弯折 $12d$,即

$$锚固长度 = 梁高 - 保护层 + 12d$$

当内侧纵筋的直锚长度,即伸入梁内的直段长大于 l_{aE} 时,使用直锚形式,将柱纵筋伸至柱顶后截断,即

$$锚固长度 = 梁高 - 保护层$$

(2) 做法 B。

当顶层为现浇板,其混凝土强度等级大于 C20,板厚大于 80 mm 时,可采用做法 B 进行柱顶层纵筋的锚固处理,如图 3-6 所示。

做法 B 与做法 A 不同之处在于纵筋顶层锚入不是梁内,而是板内。

同样在做法 B 中,也要区分柱纵筋的外侧锚固与内侧锚固。外侧纵筋全部锚入现浇梁及板内,锚固长度为不小于 $1.5l_{aE}$;柱内侧纵筋与做法 A 一样。

（3）做法 C。

当柱外侧纵向钢筋的配筋率＞1.2％时,通常采用做法 C,如图 3-7 所示。

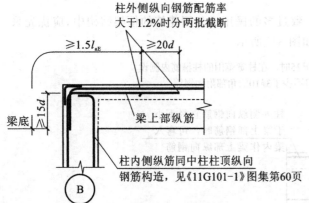

图 3-6　做法 B 构造详图　　　　　图 3-7　做法 C 构造详图

在做法 C 中,同样要区分柱纵筋的外侧锚固与内侧锚固。外侧纵筋全部锚入梁内,分两批截断,并与梁的上部纵筋搭接,第一批锚固长度不小于 $1.5l_{aE}$,第二批锚固长度不小于 $1.5l_{aE}+20d$;柱内侧纵筋锚固与做法 A 一样。

（4）做法 D。

当梁上部钢筋和柱外侧钢筋数量过多,A 做法将构成节点顶部钢筋拥挤,不利于自上而下浇注混凝土,此时宜采用做法 D,如图 3-8 所示。

在做法 D 中,也要区分柱外侧纵筋和内侧纵筋。外侧纵筋伸到梁顶后弯折 $12d$,并且其与梁上部纵筋的搭接长度不小于 $1.7l_{aE}$;内侧纵筋锚固与做法 A 相同。

（5）做法 E。

做法 E 在梁的上部纵向钢筋配筋率大于 1.2％时采用,如图 3-9 所示。

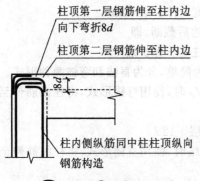
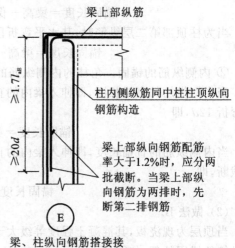

图 3-8　做法 D 构造详图　　　　　图 3-9　做法 E 构造详图

在做法 E 中,柱外侧纵筋伸至梁顶后弯折 $12d$,并且梁上部纵筋分两批与其搭接,搭接长度第一批不小于 $1.7l_{aE}$,第二批不小于 $1.7l_{aE}+20d$;内侧纵筋锚固与做法 A 相同。

2)边柱

边柱的顶层纵筋锚固与角柱类似,不同之处在于边柱纵筋只有一侧纵筋作为外侧。其差别在于做法 A 中的外侧纵筋不再分层锚固。除了占柱外侧纵筋至少 65% 的纵筋锚入梁内,其锚固长度不少于 $1.5l_{aE}$ 外;其余纵筋均伸至柱内边弯下,其水平弯折段伸至柱内边后向下弯折 $8d$ 后折断,即

$$锚固长度=梁高-保护层+柱宽-保护层+8d$$

其余做法及适用情况均与角柱相同,此处不再赘述。

3)中柱

中柱不再区分柱纵筋的外侧锚固与内侧锚固,中柱纵筋的顶层锚固做法也分为做法 A、做法 B、做法 C 和做法 D 四种,具体介绍如下。

由图 3-10 可以发现这四种做法,是针对不同的情况使用的。通常情况,当纵筋的直锚长度小于 l_{aE} 时,可采用做法 A 中的锚固构造——柱纵筋伸至梁顶后向对边弯折 $12d$;当纵筋的直锚长度小于 l_{aE},且顶层为现浇混凝土板,其强度等级不小于 C20,板厚不小于 80 mm 时,可采用做法 B 中的纵筋锚固构造——柱纵筋伸至板顶后向柱外侧弯折 $12d$;当直锚长度不小于 l_{aE} 时,柱纵筋直接伸至梁顶或板顶截断。

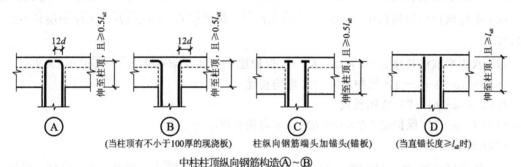

图 3-10 中柱柱顶钢筋构造

另外,当柱纵筋直径大于 25 时,在柱宽范围的柱箍筋内侧设置间距不小于 150,但不少于 $3\phi10$ 的角部附加钢筋,其呈 $90°$ 弯折,长度为 600 mm。

三、框架柱(KZ)箍筋计算

在工程中,柱的钢筋除了纵向钢筋外,还有箍筋了。箍筋分为非复合箍筋和复合箍筋两类,下面分别介绍各类箍筋的算法。

1. 箍筋的分类与算法

1)非复合箍筋

非复合箍筋的常见类型如图 3-11 所示。图 3-11 中各编号对应的非复合箍筋的计算方法分别如下。

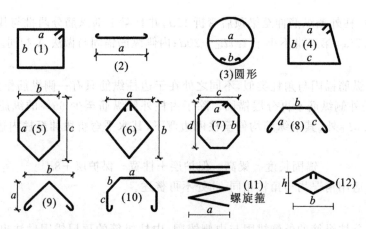

图 3-11 非复合箍筋的常见类型

(1) 矩形箍筋长度:$l=2\times(a+b)+2\times$弯钩长度$+8\times d$

(2) 一字形箍筋长度:$l=a+2\times$弯钩长度$+8\times d-2\times$保护层

(3) 圆形箍筋长度:$l=\pi\times(a+2\times d-2\times$保护层$)+b+2\times$弯钩长度

(4) 梯形箍筋长度:$l=(a+b+c-6\times$保护层$)+6\times d+\sqrt{(c-a)^2+(b+2\times d)^2}+2\times$弯钩长度

(5) 六边形箍筋长度:$l=2\times a-4\times bhc+2\times\sqrt{(c-a)^2+(b+2\times d)^2}+4d+2\times$弯钩长度

(6) 平行四边形箍筋长度:$l=2\times\sqrt{(b+2d-2\times$保护层$)^2+(a+2d-2\times$保护层$)^2}+2\times$弯钩长度

(7) 八边形箍筋长度:$l=2\times(a+b-4\times$保护层$)+2\times\sqrt{(d-b)^2+(c-a)^2}+8\times d$

(8) $l=(a+b+c-2\times$保护层$)+2\times$弯钩长度

(9) $l=(a+b)+2\times$弯钩长度

(10) $l=a-2\times$保护层$+2\times(c+b)+2\times$弯钩长度

(11) 螺旋箍筋长度:

$l=($加密区长度$/$加密区间距$+1)\times\sqrt{\pi\times(构件直径-保护层\times2+箍筋直径)^2+加密区间距^2}+$
(非加密区长度$/$非加密区间距$+1)\times\sqrt{\pi\times(构件直径-保护层\times2+箍筋直径)^2+非加密区间距^2}+3\times$
$\pi\times($构件直径$-$保护层$\times2+$箍筋直径$)+12.5\times$箍筋直径

(12) $l=4\times(h/2)^2+(b/2)^2+2\times$弯钩长度

2) 复合箍筋

复合箍筋的常见类型如图 3-12 所示。

(1) 3×3 复合箍筋如图 3-13 所示。

其计算方法如下。

外箍筋:$l=(b-2\times bhc+h-2\times bhc)\times2+2\times l_w+8d$

内箍筋:$l=h-2\times bhc+2\times l_w+2d$(横向、纵向各设置一道)

(2) 4×3 复合箍筋如图 3-14 所示。

其计算方法如下。

外箍筋:$l=(b-2\times bhc+h-2\times bhc)\times2+2\times l_w+8d$

内箍筋:① 矩形箍筋 $l=[(b-2\times bhc-d)/3\times1+d+(h-2\times bhc-d)/3\times1+d]\times2$
$\qquad\qquad\qquad +2\times l_w+8d$

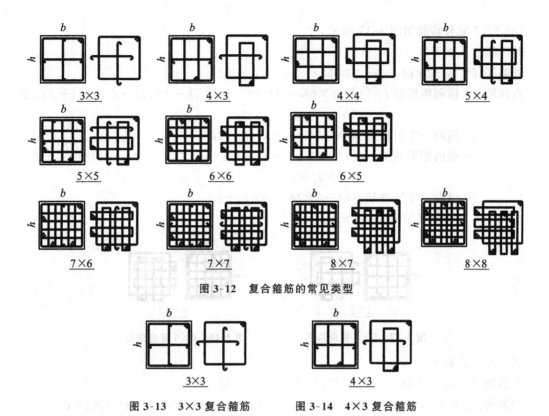

图 3-12　复合箍筋的常见类型

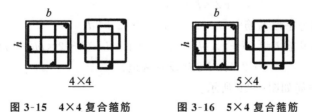

图 3-13　3×3 复合箍筋　　图 3-14　4×3 复合箍筋

② 一字形箍筋 $l=h-2\times bhc+2\times l_w+2d$（横向设置一道）

（3）4×4 复合箍筋如图 3-15 所示。

其计算方法如下。

外箍筋：$l=(b-2\times bhc+h-2\times bhc)\times 2+2\times l_w+8d$

内箍筋：$l=[(b-2\times bhc-d)/3\times 1+d+(h-2\times bhc-d)/3\times 1+d]\times 2+2\times l_w+8d$（横向、纵向各设置一道）

（4）5×4 复合箍筋如图 3-16 所示。

图 3-15　4×4 复合箍筋　　图 3-16　5×4 复合箍筋

其计算方法如下。

外箍筋：$l=(b-2\times bhc+h-2\times bhc)\times 2+2\times l_w+8d$

内箍筋：① 横向箍筋 $l=[(b-2\times bhc-d)/3\times 1+d+(h-2\times bhc-d)/3\times 1+d]\times 2$
$+2\times l_w+8d$

② 纵向矩形箍筋 $l=[(b-2\times bhc-d)/4\times 1+d+(h-2\times bhc-d)/4\times 1+d]\times 2$
$+2\times l_w+8d$

③ 纵向一字形箍筋 $l=h-2\times bhc+2\times l_w+2d$

(5) 5×5 复合箍筋如图 3-17 所示。

其计算方法如下。

外箍筋:$l=(b-2\times bhc+h-2\times bhc)\times 2+2\times l_w+8d$

内箍筋:① 横向矩形箍 $l=[(b-2\times bhc-d)/4\times 1+d+(h-2\times bhc-d)/4\times 1+d]\times 2$
$+2\times l_w+8d$

② 横向一字形箍筋 $l=h-2\times bhc+2\times l_w+2d$

③ 纵向矩形箍筋 $l=[(b-2\times bhc-d)/4\times 1+d+(h-2\times bhc-d)/4\times 1+d]\times 2$
$+2\times l_w+8d$

④ 纵向一字形箍筋 $l=h-2\times bhc+2\times l_w+2d$

(6) 6×6 复合箍筋如图 3-18 所示。

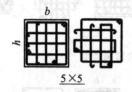 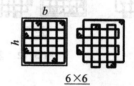

5×5

6×6

图 3-17　5×5 复合箍筋　　　　**图 3-18　6×6 复合箍筋**

其计算方法如下。

外箍筋:$l=(b-2\times bhc+h-2\times bhc)\times 2+2\times l_w+8d$

内箍筋:① 横向箍筋 $l=[(b-2\times bhc-d)/5\times 1+d+(h-2\times bhc-d)/5\times 1+d]\times 2$
$+2\times l_w+8d$(设置两道)

② 纵向箍筋 $l=[(b-2\times bhc-d)/5\times 1+d+(h-2\times bhc-d)/5\times 1+d]\times 2$
$+2\times l_w+8d$(设置两道)

(7) 6×5 复合箍筋如图 3-19 所示。

其计算方法如下。

外箍筋:$l=(b-2\times bhc+h-2\times bhc)\times 2+2\times l_w+8d$

内箍筋:① 横向矩形箍筋 $l=[(b-2\times bhc-d)/4\times 1+d+(h-2\times bhc-d)/4\times 1+d]\times 2$
$+2\times l_w+8d$

② 横向一字形箍筋 $l=h-2\times bhc+2\times l_w+2d$

③ 纵向箍筋 $l=[(b-2\times bhc-d)/5\times 1+d+(h-2\times bhc-d)/5\times 1+d]\times 2$
$+2\times l_w+8d$(设置两道)

(8) 7×6 复合箍筋如图 3-20 所示。

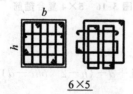 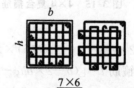

6×5

7×6

图 3-19　6×5 复合箍筋　　　　**图 3-20　7×6 复合箍筋**

其计算方法如下。

外箍筋:$l=(b-2\times bhc+h-2\times bhc)\times 2+2\times l_w+8d$

内箍筋:① 横向箍筋 $l=[(b-2\times bhc-d)/5\times 1+d+(h-2\times bhc-d)/5\times 1+d]\times 2$
$+2\times l_\mathrm{w}+8d$(设置两道)

② 纵向矩形箍筋 $l=[(b-2\times bhc-d)/6\times 1+d+(h-2\times bhc-d)/6\times 1+d]\times 2$
$+2\times l_\mathrm{w}+8d$(设置两道)

③ 纵向一字形箍筋 $l=h-2\times bhc+2\times l_\mathrm{w}+2d$

(9) 7×7 复合箍筋如图 3-21 所示。

其计算方法如下。

外箍筋:$l=(b-2\times bhc+h-2\times bhc)\times 2+2\times l_\mathrm{w}+8d$

内箍筋:① 横向矩形箍筋 $l=[(b-2\times bhc-d)/6\times 1+d+(h-2\times bhc-d)/6\times 1+d]\times 2$
$+2\times l_\mathrm{w}+8d$(设置两道)

② 横向一字形箍筋 $l=h-2\times bhc+2\times l_\mathrm{w}+2d$

③ 纵向矩形箍筋 $l=[(b-2\times bhc-d)/6\times 1+d+(h-2\times bhc-d)/6\times 1+d]\times 2$
$+2\times l_\mathrm{w}+8d$(设置两道)

④ 纵向一字形箍筋 $l=h-2\times bhc+2\times l_\mathrm{w}+2d$

(10) 8×7 复合箍筋如图 3-22 所示。

其计算方法如下。

外箍筋:$l=(b-2\times bhc+h-2\times bhc)\times 2+2\times l_\mathrm{w}+8d$

内箍筋:① 横向矩形箍筋 $l=[(b-2\times bhc-d)/6\times 1+d+(h-2\times bhc-d)/6\times 1+d]\times 2$
$+2\times l_\mathrm{w}+8d$(设置两道)

② 横向一字形箍筋 $l=h-2\times bhc+2\times l_\mathrm{w}+2d$

③ 纵向矩形箍筋 $l=[(b-2\times bhc-d)/7\times 1+d+(h-2\times bhc-d)/7\times 1+d]\times 2$
$+2\times l_\mathrm{w}+8d$(设置三道)

(11) 8×8 复合箍筋如图 3-23 所示。

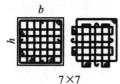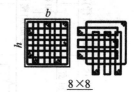

7×7   8×7   8×8

图 3-21　7×7 复合箍筋　　　图 3-22　8×7 复合箍筋　　　图 3-23　8×8 复合箍筋

其计算方法如下。

外箍筋:$l=(b-2\times bhc+h-2\times bhc)\times 2+2\times l_\mathrm{w}+8d$

内箍筋:① 横向箍筋 $l=[(b-2\times bhc-d)/7\times 1+d+(h-2\times bhc-d)/7\times 1+d]\times 2$
$+2\times l_\mathrm{w}+8d$(设置三道)

② 纵向箍筋 $l=[(b-2\times bhc-d)/7\times 1+d+(h-2\times bhc-d)/7\times 1+d]\times 2$
$+2\times l_\mathrm{w}+8d$(设置三道)

3) 箍筋弯钩长度计算

(1) 箍筋、拉筋 135°弯钩长度 l_w 的计算。

① 当为抗震箍筋(Ⅰ级、Ⅱ级、Ⅲ级、Ⅳ级)时:$l_\mathrm{w}=2\times \max(11.9\times d,75+1.9\times d)$

② 普通箍筋:$l_\mathrm{w}=2\times 6.9\times d$

（2）箍筋、拉筋180°弯钩长度 l_w 的计算。

① 当为抗震（Ⅰ级、Ⅱ级、Ⅲ级、Ⅳ级）时：$l_w = 2 \times 13.25d$

② 普通箍筋：$l_w = 2 \times 8.25d$

（3）箍筋、拉筋90°弯钩长度 l_w 的计算。

① 当为抗震（Ⅰ级、Ⅱ级、Ⅲ级、Ⅳ级）时：$l_w = 2 \times 10.5d$

② 普通箍筋：$l_w = 2 \times 5.5d$

2. 箍筋的根数

箍筋根数的计算要考虑加密与非加密的问题。一般来说，有

箍筋的根数＝（加密区长度/加密间距＋1）＋（非加密区长度/非加密间距－1）

1）抗震 KZ、QZ、LZ 箍筋的设置

除了具体工程设计注有全高加密外，一至四级抗震的柱箍筋均按图 3-24 所示的加密区范围加密，包括框架柱、梁上柱和剪力墙上柱；同时，当柱纵筋采用搭接连接时，应在柱纵筋搭接长度范围内均按不大于 5d 及不大于 100 的间距加密箍筋。

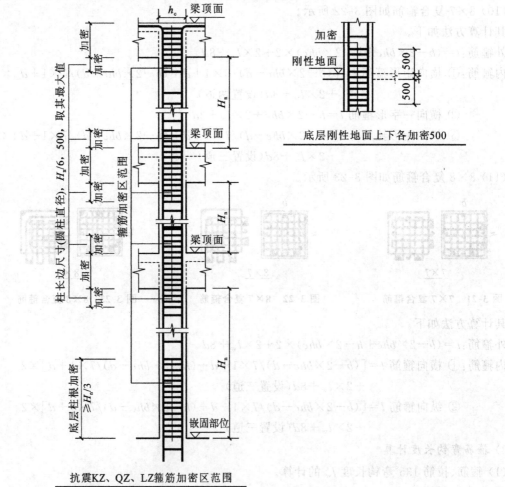

图 3-24　抗震箍筋加密区范围

2）柱基础插筋部位的箍筋设置

在柱的基础插筋部位，需设置间距不大于500，且不少于两道矩形封闭箍筋（非复合箍）。

QZ柱在墙顶面标高以下锚固范围内的柱箍筋按上柱非加密区柱箍筋那要求配置。

LZ柱在梁内设两道柱箍筋即可。

3）柱根部位的箍筋设置

有地下室时的柱根指的是基础顶面或基础梁顶面和首层楼面之间的位置，无地下室无基础梁时指的是基础顶面，无地下室有基础梁时指的是基础梁顶面。

工程中，柱根部位的箍筋需加密配置，KZ柱的柱根加密区长度为 $\max\{H_n/3, 500\}$；QZ柱的柱根加密区长度为 $\max\{500, H_n/6, h_c\}$；LZ柱的柱根加密区长度为 $\max\{500, H_n/6, h_c\}$。

4）底层柱的箍筋设置

有地下室时的底层柱指的是相邻基础层和首层之间的柱，无地下室无基础梁时底层柱指的是从基础顶面至首层顶板之间的柱，无地下室有基础梁时指的是基础梁顶面至首层顶板之间的柱。

底层柱的箍筋设置包括了柱根部位，前面已经介绍了柱根部位的箍筋设置，下面对底层柱中柱根以上部位的箍筋设置进行分析。

底层柱的柱箍筋设置分为加密区与非加密区两种情况，下面仅分析加密区范围底层柱的柱箍筋设置。

（1）如果工程中，柱纵筋的搭接形式采用焊接连接或机械连接，那么，底层柱主根以上部位的加密区范围就有两个：节点内与节点下的加密。节点内的加密区长度为节点高度，而节点下的加密区长度为 $\max\{500, H_n/6,$ 柱截面大边尺寸（圆柱为直径 D）$\}$。其中，H_n 指的是底层柱的净高。

（2）如果柱纵向钢筋采用绑扎搭接连接时，那么，底层柱主根以上部位的加密区范围除节点内与节点下的加密区以外，在纵筋搭接范围内还需加密。除掉加密区后，剩下的就是非加密区的范围了。

> **注：**
>
> **什么是底层柱的净高？**
>
> （1）有地下室时的底层柱净高指的是：基础顶面或基础梁顶面至相邻基础层的顶板梁下皮的高度和首层楼面到顶板梁下皮的高度。
>
> （2）无地下室、无基础梁时的底层柱净高指的是：从基础顶面至首层顶板梁下皮的高度。
>
> （3）无地下室有基础梁时的底层柱净高指的是：基础梁顶面至首层顶板梁下皮的高度。

当底层为刚性地面时，还需在底层刚性地面上下各加密500 mm。刚性地面是指横向压缩变形小，竖向比较坚硬的地面。

5）底层柱以上柱的箍筋设置

同样，底层柱以上的柱的箍筋配置，在工程中也分为加密与非加密两种情况。关于柱箍筋的设置，常常按楼层来划分，具体如下。

（1）如果柱纵向钢筋采用焊接连接或机械连接时，每个楼层就有三个加密区，即楼面以上、节点内及节点下三个加密区。其加密范围分别为：楼面以上的加密长度取 $\max\{500, H_n/6,$ 柱截面大边尺寸（圆柱为直径 D）$\}$；节点内加密长度为节点高度，节点以下的加密长度为 $\max\{500, H_n/6,$ 柱截面大边尺寸（圆柱为直径 D）$\}$。

(2) 如果柱纵向钢筋采用绑扎搭接连接时,每个楼层就有四个加密区了,即楼面以上、节点内、节点以下及柱纵筋搭接范围内的加密。其加密范围分别为:楼面以上的加密长度取 max$\{500, H_n/6,$ 柱截面大边尺寸(圆柱为直径 D)$\}$;节点内加密长度为节点高度;节点以下的加密长度为 max$\{500, H_n/6,$ 柱截面大边尺寸(圆柱为直径 D)$\}$;柱纵筋范围内的加密区长度为 l_{lE}。

其中,H_n 为层净高。净高就是层高扣减掉节点高度后的高度。前面已经介绍了加密区的概念,那么用层净高扣减掉加密区长度,剩下的就是非加密区的范围了。

任务 3 框架柱构件钢筋实例计算

如图 3-25 所示,KZ1 为边柱,Ⅲ级抗震,采用焊接连接,主筋在基础内水平弯折为 200 mm,基础箍筋 2 根,主筋的交错位置及长度按 16G101—1 标准图集计算。

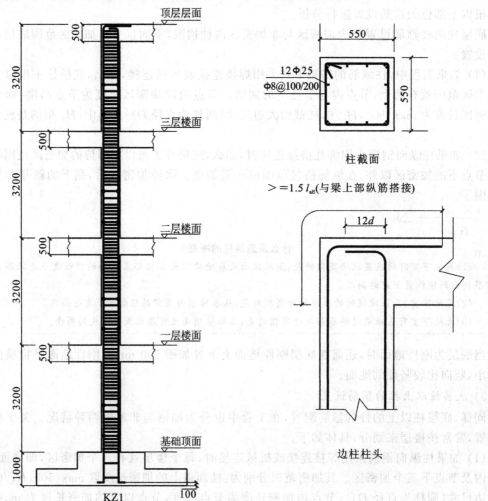

图 3-25 框架柱构件钢筋实例

手工计算结果如下。

考虑相邻纵筋连接接头需错开,纵筋应分以下两部分计算。

1) 基础部分

计算基础部分钢筋的长度。

(1) 计算 L_1(6Φ25)长度,如图 3-26(a)所示。

$$L_1 = 底部弯折+基础高+基础顶面到上层接头的距离(满足≥H_n/3)$$
$$= 200+(1\ 000-100)+(3\ 200-500)/3$$
$$= 200+1\ 800$$

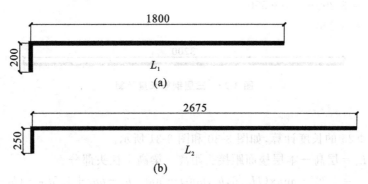

图 3-26 基础部分钢筋长度计算

(2) 计算 L_2(6Φ25)长度,如图 3-26(b)所示。

$$L_2 = 底部弯折+基础高+基础顶面到上层接头的距离+纵筋交错距离$$
$$= 200+(1\ 000-100)+(3\ 200-500)/3+\max(35d,500)$$
$$= 200+1\ 800+35×25$$
$$= 200+2\ 675$$

2) 一层

计算一层 12Φ25 钢筋的长度,如图 3-27 所示。

$$L_1 = L_2 = 层高-基础顶面距接头距离+上层楼面距接头距离$$
$$= 3\ 200-H_n/3+\max(H_n/6,h_c,500)$$
$$= 3\ 200-900+550$$
$$= 2\ 850$$

2850

图 3-27 一层钢筋长度计算

3) 二层

计算二层 12Φ25 钢筋的长度,如图 3-28 所示。

$$L_1 = L_2 = 层高-本层楼面距接头距离+上层楼面距接头距离$$
$$= 3\ 200-\max(H_n/6,h_c,500)+\max(H_n/6,h_c,500)(550 为柱宽)$$
$$= 3\ 200-550+550$$
$$= 3\ 200$$

$$3200$$

图 3-28 二层钢筋长度计算

4) 三层

计算三层 $12\phi25$ 钢筋的长度,如图 3-29 所示。

$L_1 = L_2 =$ 层高－本层楼面距接头距离＋上层楼面距接头距离

$= 3\,200 - \max(H_n/6, h_c, 500) + \max(H_n/6, h_c, 500)(550\text{ 为柱宽})$

$= 3\,200 - 550 + 550$

$= 3\,200$

$$3200$$

图 3-29 三层钢筋长度计算

5) 顶层

柱角纵筋 $4\phi25$ 的长度计算,如图 3-30 和图 3-31 所示。

$2\phi25$: $L_1 =$ 层高－本层楼面距接头距离－梁高＋柱头部分

$= 3\,200 - \max(H_n/6, h_b, 500) - 500 + h_b - bhc + 1.5l_{aE} - (h_b - bhc)$

$= [3\,200 - 550 - 500 + (500 - 30)] + [1.5 \times 35 \times 25 - (500 - 30)]$

$= 2\,620 + 843$

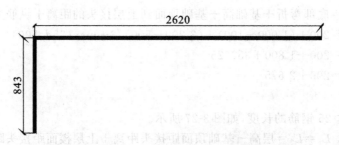

图 3-30 柱角纵筋 L_1 长度的计算

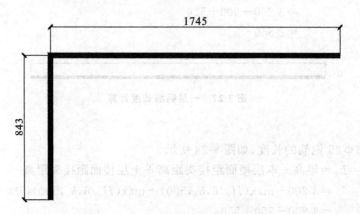

图 3-31 柱角纵筋 L_2 长度的计算

$2\phi25$：L_2＝层高－（本层楼层距接头距离＋本层相邻纵筋交错距离）－梁高＋柱头

$$=3\,200-[\max(H_n/6,h_c,500)+\max(35d,500)]-500+h_b-bhc+1.5l_{aE}-(h_b-bhc)$$

$$=[3\,200-(550+35\times25)-500+(500-30)]+[1.5\times35\times25-(500-30)]$$

$$=1\,745+843$$

柱内侧纵筋$8\phi25$的长度计算，如图3-32和图3-33所示。

$4\phi25$：　　　　L_1＝层高－本层楼面距接头距离－梁高＋柱头部分

$$=3\,200-\max(H_n/6,h_c,500)-500+h_b-bhc+12d$$

$$=(3\,200-550-500+500-30)+(12\times25)$$

$$=2\,620+300$$

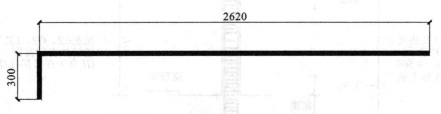

图3-32　柱内纵筋L_1长度的计算

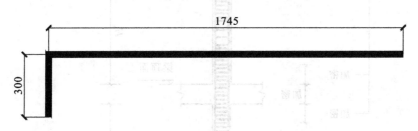

图3-33　柱内纵筋L_2长度的计算

$4\phi25$：L_2＝层高－（本层楼面距接头距离＋本层相邻纵筋交错距离）－梁高＋柱头

$$=3\,200-[\max(H_n/6,h_c,500)+\max(35d,500)]-500+h_b-bhc+12d$$

$$=[3\,200-(550+35\times25)-500+(500-30)]+(12\times25)$$

$$=1\,745+300$$

箍筋尺寸计算如下，如图3-34所示。

b 边　　　　　　　　$550-2\times30+2\times8=506$

h 边　　　　　　　　$550-2\times30+2\times8=506$

6）箍筋根数

箍筋加密区范围如图3-35所示。箍筋根数的计算如下。

（1）一层箍筋根数的计算。

加密区长度＝$H_n/3+h_b+\max($柱长边尺寸$,H_n/6,550)$

$$=(3\,200-500)/3+500+550$$

$$=1\,950$$

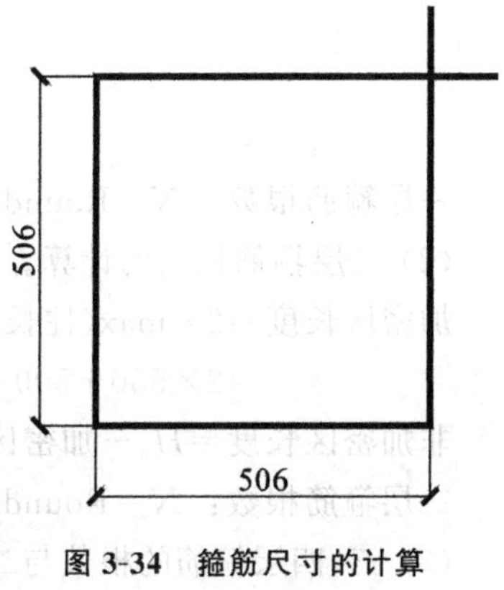

图3-34　箍筋尺寸的计算

非加密区长度＝H_n－加密区长度＋$h_b=(3\,200-500)-1\,950+500=1\,250$

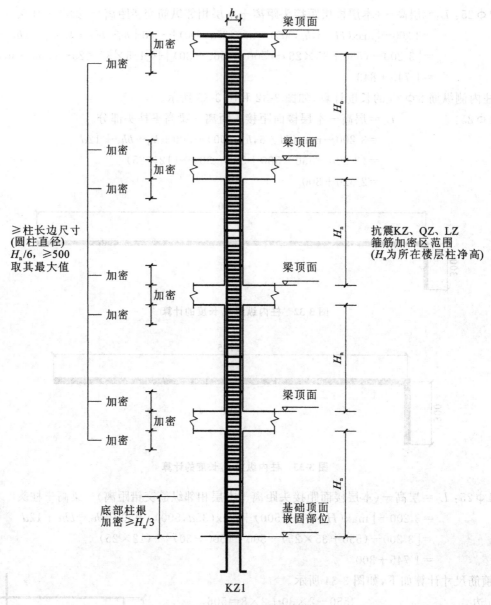

KZ1

图 3-35　箍筋加密区范围

一层箍筋根数：$N=\text{Round}(1\,950/100)+\text{Round}(1\,250/200)+1=27$

（2）二层箍筋根数的计算。

加密区长度$=2\times\max(\text{柱长边尺寸},H_\text{n}/6,550)+h_\text{b}$

$=2\times550+500=1\,600$

非加密区长度$=H_\text{n}-\text{加密区长度}+h_\text{b}=(3\,200-500)-1\,600+500=1\,600$

二层箍筋根数：$N=\text{Round}(1\,600/100)+\text{Round}(1\,600/200)+1=25$

（3）三、四层箍筋的根数与二层箍筋根数相同。

（4）箍筋总根数：　　　　$N=2+27+25\times3=104$

梁构件

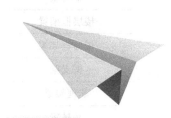

任务 1 梁平法施工图的制图规则

梁平法施工图是在梁平面布置图上采用平面注写方式或断面注写方式来表达的施工图。梁平面布置图,应分别按梁的不同结构层(标准层),将全部梁和其相关联的柱、墙、板一起采用适当的比例绘制。在梁平法施工图中,应按规定注明各结构层的顶面标高及相应的结构层号。

一、梁平法施工图的注写方式

1. 平面注写方式

平面注写方式,就是在梁的平面布置图上,分别在不同编号的梁中各选出一根,通过在其上面注写断面尺寸和配筋具体数量的方式来表达梁平面整体配筋。

平面注写方式包括集中标注与原位标注,集中标注用于表达梁的通用数值,原位标注用于表达梁的特殊数值。当集中标注中某项数值不适用于梁的某部位时,则应将该项数值在该部位原位标注,施工时,按照原位标注取值优选的原则来进行施工。

2. 梁的编号

梁的编号由梁的类型代号、序号、跨数及有无悬挑代号等几项组成,应符合表 4-1 中的规定。表 4-1 中跨数代号中带 A 的表示一端有悬挑,带 B 的表示两端有悬挑,并且悬挑不计入跨数。例如,KL1(2A)表示 1 号框架梁,两跨且一端有悬挑。类型栏中的悬挑梁指纯悬臂梁。非框架梁指没有与框架柱或剪力墙端柱等相连的一般楼面或屋面梁。

表 4-1 梁编号

梁类型	代号	序号	跨数及是否带有悬挑
楼层框架梁	KL	××	(××)、(××A)或(××B)
屋面框架梁	WKL	××	(××)、(××A)或(××B)
框支梁	KZL	××	(××)、(××A)或(××B)
非框架梁	L	××	(××)、(××A)或(××B)
悬挑梁	XL	××	
井字梁	JZL	××	(××)、(××A)或(××B)

3. 梁的集中标注

梁集中标注的内容,按梁的编号、断面尺寸、箍筋、梁上部通长筋(或架立筋)、梁侧面纵向构造钢筋(或受扭钢筋)配置、梁顶面标高高差等内容依次标注。其中,前五项为必注值,最后一项在有高差时标注,无高差时不注。

(1)梁的编号按表 4-1 中的规定标注。

(2)断面尺寸,当为等断面梁时,用 $b \times h$ 表示;当悬臂梁采用变截面高度时,用斜线分隔根部与端部的高度值,即为 $b \times h_1/h_2$(h_1 为根部高度、h_2 为端部较小的高度);当为水平加腋梁时,用 $b \times h$,$PYc_1 \times c_2$ 表示,其中 c_1 为腋长、c_2 为腋宽。

(3)梁的箍筋,包括箍筋的钢筋级别、直径、加密区与非加密区间距及肢数。箍筋加密区与非加密区的不同间距及肢数需用斜线"/"分隔,当梁箍筋为同一间距和肢数时则不需要用斜线;当加密区与非加密区箍筋肢数相同时,则将肢数注写一次,箍筋肢数写在括号内。

【例 4-1】 A8@100/200（2）表示箍筋采用 HPB235 级钢筋，直径为 A8，加密区间距为 100 mm，非加密区间距为 200 mm，均为双肢箍。A8@100（4）/150（2）表示箍筋采用 HPB235 级钢筋，直径为 A8，加密区间距为 100 mm，四肢箍，非加密区为间距 150 mm，双肢箍。

当抗震结构中的非框架梁、悬挑梁、井字梁及非抗震结构中的各类梁采用不同的箍筋间距及肢数时，也用斜线"/"将其分隔，先注写梁支座端部箍筋（包括箍筋的箍数、钢筋级别、直径、间距与肢数），在斜线后注写跨中部分的箍筋间距及肢数。

【例 4-2】 10A8@100（4）/200（2）表示直径为 A8 的箍筋，梁支座两端各有 10 个四肢箍，间距为 100 mm；梁跨中部分箍筋为双肢箍，间距 200 mm。

（4）梁的上部通长筋或架立筋，其所注规格与根数应根据结构受力要求及箍筋肢数等构造要求确定。当同排纵筋中既有通长筋又有架立筋时，应采用加号"＋"将二者相连，注写时应将梁角部纵筋写在加号的前面，架立筋写在加号后面的括号内。当全部采用架立筋时，则将其全部写入括号内，因为架立筋与支座纵筋的搭接与纵筋之间的搭接长度是不同的。

【例 4-3】 2C20＋（2A12）常用于四肢箍，2C20 为梁角部通长筋，2A12 为架立钢筋。

单跨非框架梁时的架立筋不必加括号。当梁上部纵筋和下部纵筋均为通长筋，且多数跨相同时，可同时标注上部与下部通长筋的配筋值，用分号";"将上部与下部通长筋分隔开来，少数跨不同时，采用原位标注。

【例 4-4】 2C18;2C20 表示上部配置 2C18 通长筋，下部配置 2C20 通长筋。

（5）梁侧面纵向构造钢筋或受扭钢筋配置。当梁腹板高度为 450 mm 时，须配置纵向构造钢筋，所注规格与根数应符合相关国家标准的规定。此项注写以大写字母 G 开头，其后紧接着注写设置在梁两个侧面的总配筋值，并且对称配置。

【例 4-5】 G4C12 表示梁每侧各配置 2C12 纵向构造钢筋。

当梁侧面需配置受扭纵向钢筋时，此项注写值以大写字母 N 开头，其后紧接着注写配置在梁两个侧面的总配筋值，并且对称配置并同时满足梁侧面纵向构造钢筋的间距要求而不重复配置。

【例 4-6】 N4C14 表示梁每侧各配置 2C14 受扭纵筋。

（6）梁顶面标高相对于该结构楼面标高的高差值，若有时，将其写入括号内。

【例 4-7】 （－0.100）表示梁面标高比该结构层标高低 0.1 m。

4．梁的原位标注

梁的原位标注内容包括梁支座上部纵筋、下部纵筋、附加箍筋或吊筋及对集中标注的原位修正信息等。

（1）梁支座上部纵筋，指该部位含通长筋在内的所有纵筋，应标注在梁上方该支座处。当上部纵筋多于一排时，用斜线"/"将各排纵筋自上而下分开。当同排纵筋有两种直径时，用加号"＋"将两种直径的纵筋相连，角部纵筋写在前面。

【例 4-8】 6C224/2 表示上排为 4C22，下排为 2C22;2C22＋2C18 表示支座上部纵筋一排共 4 根，角筋为 2C22,2C18 置于中部。

当梁中间支座两边的上部纵筋不同时，应在支座两边分别标注；当梁中间支座两边的纵筋相同时，可以仅在支座的一边标注配筋值。当梁上部钢筋在某跨通长布置时，应在该跨梁的中间部位标注梁上部钢筋。

（2）梁的下部纵筋标注在梁下部跨中位置。当下部纵筋多于一排时,用斜线"/"将各排纵筋自上而下分开,当同排纵筋有两种直径时,用加号"+"将两种直径的纵筋相连,角部纵筋写在前面。当下部纵筋均为通长筋,并且集中标注中已注写时,则不需要在梁下部重复做原位标注。

（3）附加箍筋或吊筋应直接画在平面图中的主梁上,在引出线上注明其总配筋值(箍筋肢数注在括号内)。当多数附加横向钢筋相同时,可在图纸上说明,仅对少数不同值在原位引注。

（4）当梁上集中标注的内容中有一项或几项不适用于某跨或某悬挑部分时,则将其不同数值原位标注在该跨或该悬臂部位,根据原位标注优先原则,施工时应按原位标注数值取用。

（5）井字梁一般由非框架梁组成,井字梁编号时,无论多少同类梁与其相交,均应作为一跨处理,井字梁相交的交点处不作为支座,如需设置附加箍筋时,应在平面图上注明。柱上的框架梁作为井字梁的支座,此时井字梁可用单粗虚线表示(当井字梁高出板面时可用单粗实线表示);作为其支座的框架柱上梁可采用双细虚线表示(当梁高出板面时可用双细实线表示)以便区分。

（6）在梁平法施工图中,当局部梁布置过密无法注写时,可将过密区域用虚线框出,放大后再用平面注写方式表示。

5. 断面注写方式

断面注写方式,就是在分标准层绘制的梁平面布置图上,分别在不同编号的梁中各选择一根梁用断面剖切符号引出配筋图,并在其上注写断面尺寸和配筋具体数值的方式来表达梁平面整体配筋。断面注写方式既可单独使用,也可与平面注写方式结合使用。实际工程设计中,常采用平面注写方式,仅对其中梁布置过密的局部或为表达异型断面梁的截面尺寸及配筋时采用断面注写方式表达。对所有梁按表 4-1 中的规定编号,从相同编号的梁中选一根梁,先将单边断面剖切符号及编号画在该梁上,再将断面配筋详图画在本图或其他图上。当某梁的顶面标高与结构层标高不同时,还应在梁的编号后注写梁顶面标高的高差(注写规定同前)。在梁断面配筋详图上注写断面尺寸、上部筋、下部筋、侧面构造筋或受扭筋和箍筋的具体数值时,表达方式同前。

6. 其他规定

（1）为了施工方便,凡框架梁的所有支座和非框架梁(不含井字梁)的中间支座上部纵筋的延伸长度的取值如下。

① 第一排非贯通筋从柱(梁)边起延伸长度为 1/3,第二排非贯通筋的延伸长度为 1/4。

② 对于端支座为本跨净跨,以及中间支座相邻两跨较大跨的净跨值,有特殊要求时应予以注明。

③ 对于井字梁,其端部支座钢筋和中间支座上部纵筋的延伸长度值,应由设计者在原位加注具体数值的方式予以注明。当采用平面注写方式时,则在原位标注支座上部纵筋后面括号内加注具体延伸长度值;当采用断面注写方式时,则在梁端截面配筋图上注写的上部纵筋后面括号内加注具体延伸长度值。井字梁纵横两个方向梁相交处同一层面钢筋上下的交错关系,以及在该相交处两个方向梁箍筋的布置要求,均由设计者注明。

（2）当两楼层之间设有层间梁时(如结构夹层位置处的梁等),应将设置该部分梁的区域划出来另行绘制结构平面布置图,然后在其上表达梁平法施工图。

(3) 当梁与填充墙需拉结时,其构造详图由设计者补充绘制。

【例 4-9】 图 4-1 中梁集中标注的含义如下。

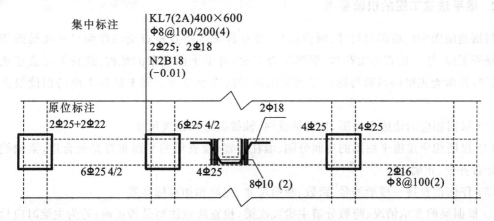

集中标注　KL7(2A)400×600
Φ8@100/200(4)
2Φ25;2Φ18
N2B18
(-0.01)

原位标注
2Φ25+2Φ22　　6Φ25 4/2　　　　2Φ18　　4Φ25　　4Φ25

6Φ25 4/2　　　　4Φ25　　　　　　2Φ16
　　　　　　　　8Φ10 (2)　　　Φ8@100(2)

图 4-1　梁配筋的平面标注

(1) 第 7 号框架梁,两跨,一端悬挑,截面宽 400 mm,截面高 600 mm。

(2) 箍筋为直径为 Φ8,四肢,加密区间距 100 mm,非加密区间距 200 mm。

(3) 上部通常筋为 2Φ25;下部通常筋为 2Φ18。

(4) 侧面抗扭钢筋为 2Φ18,一侧一根。

(5) 梁顶比结构层低 0.01 m。

图 4-1 中梁原位标注的含义如下。

(1) 第一跨左支座筋为 2Φ25(在角部)和 2Φ22(在中部)。

(2) 第一跨右支座筋和第二跨左支座筋相同。

(3) 第一跨下部钢筋为 6Φ25,其中上排 4 根,下排 2 根。

(4) 第二跨左支座筋为 6Φ25,其中上排 4 根,下排 2 根;第二跨右支座筋为 4Φ25。

(5) 第二跨下部钢筋为 4Φ25;第二跨次梁吊筋为 2Φ18;第二跨附加箍筋 8Φ10,两肢。

悬挑跨左支座筋为 4Φ25;悬挑跨下部钢筋为 2Φ16;悬挑跨箍筋直径为 Φ8,两肢,间距 100。

二、梁平法施工图的识读要点

1. 梁平法施工图应表达的主要内容

(1) 轴线网,包括轴线编号、轴线尺寸及总尺寸等,并应与对应的建施平面图一致。

(2) 各构件的布置,如柱(包括构造柱)、剪力墙、梁等,标注各构件的定位尺寸。

(3) 梁的编号、断面尺寸、梁上部通长钢筋、箍筋、主梁附加横向钢筋、梁面相对标高等。

(4) 楼梯、电梯间位置。

(5) 断面剖切符号或索引符号。对于形状复杂的异形梁,常采用断面注写方式(或详图)表达。

(6) 构件及节点详图和必要的文字说明。通用的节点、构件详图及施工要求一般在结构总说明中予以表达。详图与平面图不在同一张图纸上时应注明或改用索引符号索引出断面详图。

(7) 按规定注明各结构层的顶面标高及相应的结构层号。

2. 梁平法施工图的识读要点

根据建施图中门窗洞口尺寸、洞顶标高、节点详图等重点检查梁的断面尺寸及梁面相对标高等是否正确,逐一检查各梁跨数、配筋是否正确,对于平面复杂的结构,应特别注意正确区分主、次梁,并检查主梁的截面与标高是否满足次梁的支承要求。梁平法施工图的识读要点具体如下。

(1) 根据相应的建施平面图,校对轴线网、轴线编号和轴线尺寸。

(2) 根据相应建施平面图的房间分隔、墙柱布置,检查梁的平面布置是否合理,梁轴线定位尺寸是否齐全、正确。

(3) 仔细检查每一根梁编号、跨数、断面尺寸、配筋和相对标高等。

① 根据梁的支承情况、跨数分清主梁或次梁,检查跨数注写是否正确;若为主梁时应检查附加横向钢筋有无遗漏,断面尺寸、梁的标高是否满足次梁的支承要求;检查梁的断面尺寸及梁面相对标高与建施图洞口尺寸、洞顶标高、节点详图等有无矛盾。

② 检查集中标注的梁面通长钢筋与原位标注的钢筋有无矛盾;梁的标注有无遗漏;检查楼梯间平台梁、平台板是否设有支座。

③ 结合平法构造详图,确定箍筋加密区的长度、纵筋切断点的位置、锚固长度、附加横向钢筋及梁侧构造筋的设置要求等。

④ 异形断面梁还应结合断面详图分析,并且应与建施图中的详图无矛盾。

初学者可通过亲自翻样,画出梁的配筋立面图、剖面图、模板图,甚至画出各种钢筋的形状、计算钢筋的下料长度,加深对梁施工图的理解。

(4) 检查各设备工种的管道、设备安装与梁平法施工图有无矛盾,大型设备的基础下一般均应设置梁。若有管道穿梁,则应预留套管,并满足构造要求。

(5) 根据结构设计(特别是节点设计)判断施工有无困难,是否能保证工程质量,并提出合理化建议。

(6) 注意梁的预埋件是否有遗漏(如有设备或外墙有装修要求时)。

任务 2 梁构件钢筋计算

一、楼层框架梁(KL)钢筋计算

一、二级抗震等级楼层框架构造如图 4-2 所示。

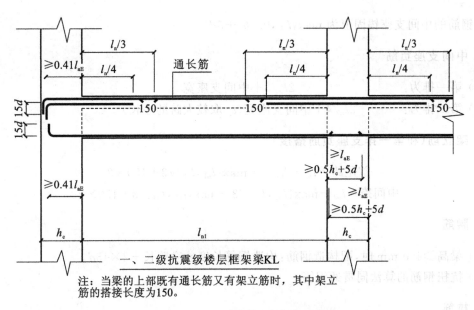

一、二级抗震级楼层框架梁KL

注：当梁的上部既有通长筋又有架立筋时，其中架立筋的搭接长度为150。

图 4-2 一、二级抗震等级楼层框梁构造

1. 贯通筋

贯通筋长度＝通跨净跨长＋首尾端支座锚固值

单边悬挑梁上部通常长度＝通跨净跨长(扣保护层厚)＋端支座锚固值＋12d(悬挑端弯折)

两边悬挑梁上部通常长度＝通跨净跨长(扣保护层厚)＋2×12d(悬挑端弯折)

2. 端支座负筋

(1) 第一排为：$l_n/3$＋端支座锚固值

(2) 第二排为：$l_n/4$＋端支座锚固值

3. 下部钢筋

(1) 伸入支座时：下部钢筋长度＝净跨长＋左右支座锚固值

(2) 不伸入支座：下部钢筋长度＝净跨长－2×距支座的距离(取 $0.1l_n$)

4. 跨中钢筋

端部：跨中钢筋长度＝端支座锚固值＋净跨长＋(支座宽＋相邻跨净跨长/3)

中间跨：跨中钢筋长度＝净跨长＋左右支座宽＋左右跨净长/3

(1) 对于下平上不平的变截面梁：

跨中钢筋长度＝中间支座锚固值(l_{aE}直锚)＋净跨长＋端支座锚固值

(2) 悬挑梁跨中钢筋：

跨中钢筋长度＝(支座宽＋相邻跨净长/3)＋悬挑净跨长(扣保护层厚)＋12d(悬挑端弯折)

①当支座宽≥l_{aE}且≥$0.5h_c+5d$ 时，为直锚，取 $\max\{l_{aE}, 0.5h_c+5d\}$。

②当支座宽≤l_{aE}或≤$0.5h_c+5d$ 时，为弯锚，取 $\max\{l_{aE}, 支座宽度－保护层＋15d, 0.4\,l_{aE}+15d\}$。

③钢筋的中间支座锚固值为 $\max\{l_{aE},0.5h_c+5d\}$。

5. 中间支座负筋

(1) 第一排为：$\qquad 2l_n/3+$ 中间支座宽

(2) 第二排为：$\qquad 2l_n/4+$ 中间支座宽（l_n 取较大跨的净长）

6. 架立筋（和第一排支座负筋搭接）

$$首尾跨=l_{n1}-l_{n1}/3-\max\{l_{n1},l_{n2}\}/3+150\times2$$
$$中间跨=l_{n2}-\max\{l_{n1},l_{n2}\}/3-\max\{l_{n2},l_{n3}\}/3+150\times2$$

7. 腰筋

(1) 梁高≥450 mm 时，配构造钢筋：构造钢筋长度＝净跨长＋2×15d。

(2) 抗扭钢筋的算法同贯通钢筋。

8. 拉筋

$$拉筋长度=（梁宽-2\times保护层）+2\times1.9d+2\times\max\{10d,75\}+2d$$
$$单面拉筋的根数=（净跨长-50\times2）/非加密区间距2倍+1$$

当梁宽＞350 mm 时，拉筋为 A8；当梁宽≤350 mm 时，拉筋为 A6。

9. 附加钢筋

附加钢筋构造如图 4-3 所示。

$$附加钢长度=2\times锚固（20d）+2\times斜段长度+次梁宽度+2\times50$$

其中，当框梁高度＞800 mm 且夹角为 60°时，斜段长度＝1.573h；当框架高度≤800 mm 且夹角为 45°时，斜段长度＝1.414h。

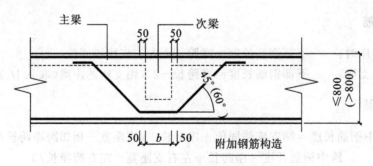

图 4-3 附加钢筋构造

10. 箍筋

附加箍筋构造如图 4-4 所示。

$$箍筋长度=（梁宽-2\times保护层+梁高-2\times保护层）+2\times1.9d+8d+2\times\max\{10d,75\}$$
$$箍筋根数=（加密区长度-50/加密区间距+1）\times2+（非加密区长度/非加密区间距-1）+1$$

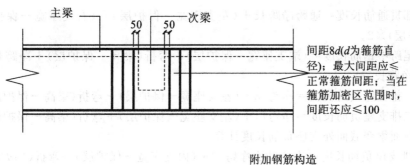

附加钢筋构造

图4-4 附加箍筋构造

加密区长度：当为一级抗震等级时，取 $\max\{2h_b, 500\}$；当为二级抗震时，取 $\max\{15h_b, 500\}$。其中，一级抗震等级框架梁构造如图4-5所示，二至四级抗震等级框架梁构造如图4-6所示。

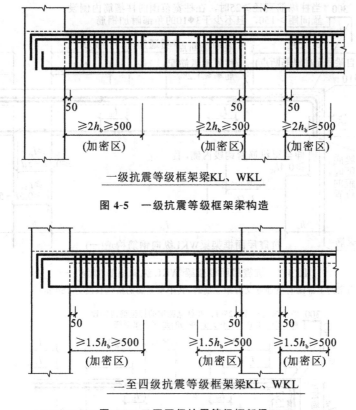

一级抗震等级框架梁KL、WKL

图4-5 一级抗震等级框架梁构造

二至四级抗震等级框架梁KL、WKL

图4-6 二至四级抗震等级框架梁

二、屋面框架梁(WKL)钢筋计算

1. 屋面抗震框架梁

屋面框架梁除上部通长筋和端支座负筋弯折长度伸至梁底外，其他钢筋算法同楼层框架梁。

(1) 上部贯通筋长度＝通跨净跨长＋(左支座宽－保护层)＋(右支座宽－保护层)＋弯折(梁高－保护层)×2。

(2) 首尾跨中钢筋长度＝(端支座宽－保护层)＋弯折(梁高－保护层)＋净跨长＋(内支座宽＋相邻跨净跨长/3)。

(3) 第一排支座负筋长度＝净跨/3＋(左支座宽－保护层)＋弯折(梁高－保护层)。

(4) 第二排支座负筋长度＝净跨/4＋(左支座宽－保护层)＋弯折(梁高－保护层)。

(5) 变截面梁变截面处支座负筋长度计算。

① 第一排支座负筋长度＝未变截面净跨/3＋(内支座宽－保护层)＋弯折($15d$＋200)。

② 第二排支座负筋长度＝未变截面净跨/3＋(内支座宽－保护层)＋弯折($15d$＋200)。

(6) 变截面梁变截面跨中钢筋长度＝锚固长度($1.6l_{aE}$)＋净长＋(端支座宽－保护层)＋弯折(梁高－保护层)。

抗震屋面框架梁 WKL 纵向钢筋构造如图 4-7 和图 4-8 所示。

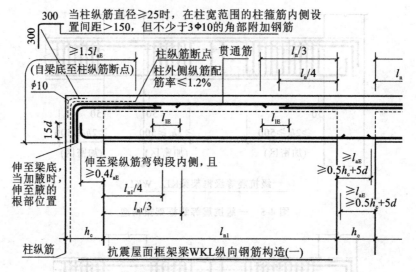

图 4-7　抗震屋面框架梁 WKL 纵向钢筋构造(一)

注：当梁的上部既有贯通筋又有架立筋时，其中架立筋的搭接长度为 150 mm。

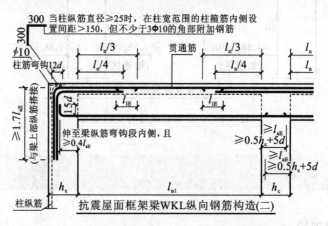

图 4-8　抗震屋面框架梁 WKL 纵向钢筋构造(二)

注：当梁的上部既有贯通筋又有架立筋时，其中架立筋的搭接长度为 150 mm。

柱外侧纵筋配筋率＞1.2％时梁端部构造如图 4-9 所示。

柱上部纵筋配筋率＞1.2％时梁端部构造如图 4-10 所示。

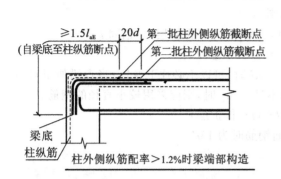

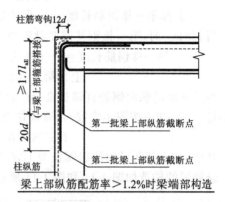

图 4-9 柱外侧纵筋配筋率＞1.2％时梁端部构造
注:本图仅起提示作用,梁上部实际配筋与上图相同。

图 4-10 柱上部纵筋配筋率＞1.2％时梁端部构造
注:本图未表示的屋面框架梁的其他构造与上图相同。

2. 屋面非抗震框架梁

非抗震屋面框架梁 WKL 纵向钢筋构造如图 4-11 所示。

柱外侧纵筋配筋率＞1.2％时梁端部构造如图 4-12 所示。

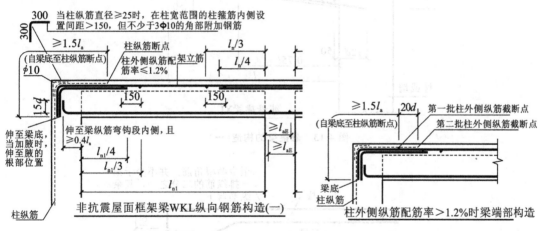

图 4-11 非抗震屋面框架梁 WKL 纵向钢筋构造

图 4-12 柱外侧纵筋配筋率＞1.2％时梁端部构造
注:本图仅起提示作用,梁上部实际配筋与上图相同。

三、悬臂梁钢筋计算

1. 独立悬臂梁

上部第一排钢筋长度＝$(l_{n1}/3+$支座宽$)+(l-$保护层$)+\max\{$梁高$-2\times$保护层,$12d\}$

上部第二排钢筋长度＝$(l_{n1}/4+$支座宽$)+0.75l$

下部钢筋长度＝$12d+(l-$保护层$)$

其中,梁下部钢筋为肋形钢筋时锚固长度为 $12d$,当为光面钢筋时为 $15d$。

2. 悬臂梁

上部第一排钢筋长度＝l－保护层＋$\max\{$梁高－2×保护层，$12d\}$＋锚固 l_{aE}

当 $l \geqslant 4h_b$ 时，第一排钢筋需要设置为弯起筋，则

第一排钢筋长度＝l－保护层＋0.414×（梁高－2×保护层）＋锚固 l_{aE}

上部第二排钢筋长度＝$0.75l$＋锚固 l_{aE}

当悬挑梁的纵向钢筋直锚长度 $\geqslant l_a$ 且 $\geqslant 0.5h_c + 5d$ 时，可以不必往下弯锚；当直锚伸至对边仍不足 l_a 时，则应按图示弯锚；当直锚伸至对边仍不足 $0.4l_a$ 时，则应采用较小直径的钢筋。

下部钢筋长度＝$12d$＋（l－保护层）

其中，梁下部肋形钢筋锚固长为 $12d$，当为光面钢筋时为 $15d$。

悬挑梁的构造如图 4-13 和图 4-14 所示。

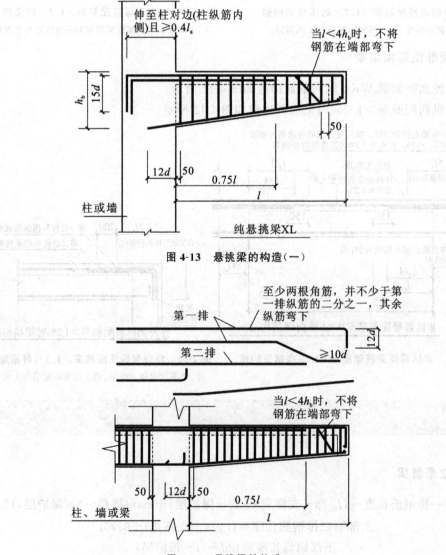

图 4-13 悬挑梁的构造（一）

图 4-14 悬挑梁的构造（二）

四、框支梁钢筋计算

（1）框支梁的支座负筋的延伸长度为 $l_n/3$。

（2）下部纵筋端支座锚固值处理同框架梁。

（3）上部纵筋中第一排主筋端支座锚固长度＝支座宽度－保护层＋梁高－保护层＋l_{aE}，第二排主筋锚固长度$\geq l_{aE}$。

（4）梁中部筋伸至梁端部水平直锚，再横向弯折15d。

（5）箍筋的加密范围为$\geq 0.2l_{n1}$，$\geq 1.5h_b$。

（6）侧面构造钢筋与抗扭钢筋的处理与框架梁的一致。

框支梁的构造如图4-15所示。

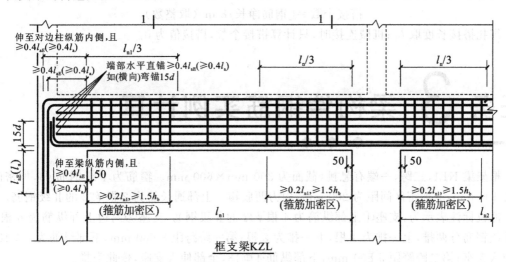

图 4-15   框支梁的构造

五、非框架梁钢筋计算

在16G101—1图集中，对于非框架梁的配筋的解释，与框架梁钢筋处理的不同之处在于以下几点。

（1）普通梁箍筋设置时不再区分加密区与非加密区的问题。

（2）下部贯通纵筋的计算分为以下两种情况。

① 直梁：下部贯通纵筋长度＝跨净长＋2×12d；

② 弧梁：下部贯通纵筋长度＝跨净长＋2×l_a。

（3）端支座负筋的计算分为以下两种情况。

① 直梁：端支座负筋长度＝$l_{n1}/5$＋max$\{l_a, 0.4l_a+15d$，支座宽－保护层＋15$d\}$；

② 弧梁：端支座负筋长度＝$l_{n1}/3$＋max$\{l_a, 0.4l_a+15d$，支座宽－保护层＋15$d\}$。

非框架梁的构造如图4-16所示。

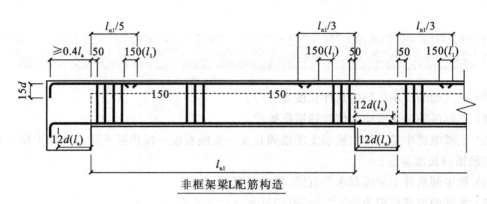

图 4-16 非框架梁的构造

对于多跨梁,钢筋可能比较长,这时就需要搭接,则:

$$搭接个数 = [钢筋净长 / 8\ m]\ (取整数)$$

绑扎搭接长度取 l_{lE};机械连接时,只计算搭接个数,搭接值为 0。

任务 3 梁构件钢筋实例计算

框架梁 KL1,三跨,一端有悬挑,截面为 300 mm×600 mm。箍筋为 I 级钢筋 $\phi 8$,加密区间距为 100 mm,非加密区间距为 200 mm,均为两肢箍。上部通长筋为 2 根 $\phi 22$ 的 II 级钢筋。

原位标注表示为:支座①上部纵筋为 4 根 $\phi 22$ 的 II 级钢筋,支座②两边上部纵筋为 6 根 $\phi 22$ 的 II 级钢筋分两排,上一排为 4 根,下一排为 2 根;第一跨跨距 3 600 mm,下部纵筋为 3$\phi 18$,全部伸入支座;第二跨跨距 5 800 mm,下部纵筋 4$\phi 18$,全部伸入支座,依此类推。

说明:

(1) l_{aE}:纵向受拉钢筋的抗震锚固长度(任何情况下不得小于 250 mm)。

l_n:梁净跨。

h_c:柱截面沿框架方向的宽度。

h_b:框架梁高度。

(2) 一级抗震加密区 $\geqslant 2h_b$,二至四级 $\geqslant 1.5h_b$。

梁平法表示图如图 4-17 所示,梁配筋图如图 4-18 所示。

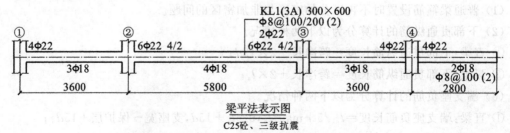

梁平法表示图

C25砼、三级抗震

图 4-17 梁平法表示图

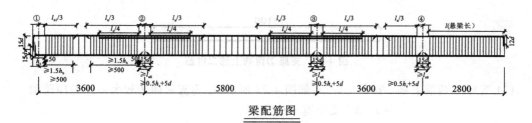

梁配筋图

图 4-18　梁配筋图

手工计算结果如下。

(1) 上部通长筋 2φ22,如图 4-19 所示。

l =各跨长度之和+悬挑梁跨长度+左支座左半宽$-2\times bhc+\max\{l_{aE}-$支座宽$+bhc,15d\}+12d$

$=(3\,600+5\,800+3\,600+2\,800+200-2\times25)+(35\times22-400+25)+(12\times22)$

$=15\,950+395+264$

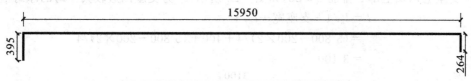

图 4-19　上部通长钢筋

(2) 支座①右端上部一排筋 2φ22,如图 4-20 所示,l_n 为净跨值。

$$l=l_n/3+\text{支座宽}-bhc+\max\{l_{aE}-\text{支座宽}+bhc,15d\}$$
$$=[(3\,600-200\times2)/3+400-25]+(35\times22-400+25)$$
$$=1\,442+395$$

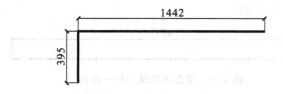

图 4-20　支座①右端上部一排筋

(3) 支座②两端上部一排筋 2φ22,如图 4-21 所示,l_n 为支座两边较大一跨的净跨值。

$$l=l_n/3+\text{支座宽}+l_n/3$$
$$=(5\,800-200\times2)/3+400+(5\,800-200\times2)/3$$
$$=4\,000$$

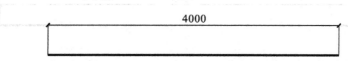

图 4-21　支座②两端上部一排筋

(4) 支座②两端上部二排筋 2φ22,如图 4-22 所示,l_n 为支座两边较大一跨的净跨值。

$$l=l_n/4+\text{支座宽}+l_n/4$$
$$=(5\,800-200\times2)/4+400+(5\,800-200\times2)/4$$
$$=3\,100$$

3100

图 4-22 支座②两端上部二排筋

（5）支座③两端上部一排筋 2φ22，如图 4-23 所示，l_n 为支座两边较大一跨的净跨值。

$$l = l_n/3 + 支座宽 + l_n/3$$
$$= (5\,800 - 200 \times 2)/3 + 400 + (5\,800 - 200 \times 2)/3$$
$$= 4\,000$$

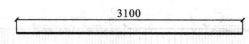

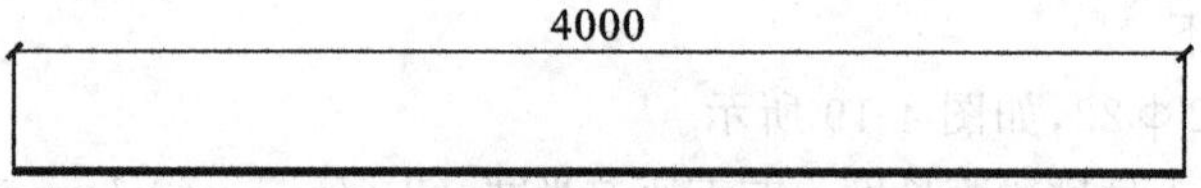

4000

图 4-23 支座③两端上部一排筋

（6）支座③两端上部二排筋 2φ22，如图 4-24 所示，l_n 为支座两边较大一跨的净跨值。

$$l = l_n/4 + 支座宽 + l_n/4$$
$$= (5\,800 - 200 \times 2)/4 + 400 + (5\,800 - 200 \times 2)/4$$
$$= 3\,100$$

3100

图 4-24 支座③两端上部二排筋

（7）支座④两端上部一排筋 2φ22，如图 4-25 所示，l_n 为净跨值。

$$l = l_n/3 + 支座宽 + 悬挑梁长度 - bhc$$
$$= (3\,600 - 200 \times 2)/3 + 400 + 2\,800 - 200 - 25$$
$$= 4\,042$$

4042

图 4-25 支座④两端上部一排筋

（8）第一跨下部纵筋 3φ18，如图 4-26 所示。

$$l = l_n + 支座宽 - bhc + \max\{l_{aE}, 0.5h_c + 5d\} + 15d$$
$$= (3\,600 - 200 \times 2 + 400 - 25 + 35 \times 18) + (15 \times 18)$$
$$= 4\,205 + 270$$

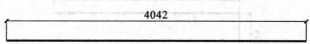

270

4205

图 4-26 第一跨下部纵筋

（9）第二跨下部纵筋 4φ18，如图 4-27 所示。

$$l = l_n + \max\{l_{aE}, 0.5h_c + 5d\} \times 2$$
$$= (5\,800 - 200 \times 2) + 2 \times 35 \times 18$$
$$= 6\,660$$

6660

图4-27　第二跨下部纵筋

（10）第三跨下部纵筋 3Φ18，如图4-28所示。

$$l = l_n + \max\{l_{aE}, 0.5h_c + 5d\} \times 2$$
$$= (3\ 600 - 200 \times 2) + 2 \times 35 \times 18$$
$$= 4\ 460$$

4460

图4-28　第三跨下部纵筋

（11）右悬挑梁下部钢筋 3Φ18，如图4-29所示。

$$l = 悬挑梁长 - bhc + 15d$$
$$= (2\ 800 - 200) - 25 + 15 \times 18$$
$$= 2\ 845$$

（12）箍筋尺寸，如图4-30所示。

$$l_1 = 300 - 2 \times 25 + 2 \times 8 = 266$$
$$l_2 = 600 - 2 \times 25 + 2 \times 8 = 566$$

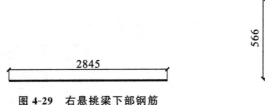

2845

图4-29　右悬挑梁下部钢筋

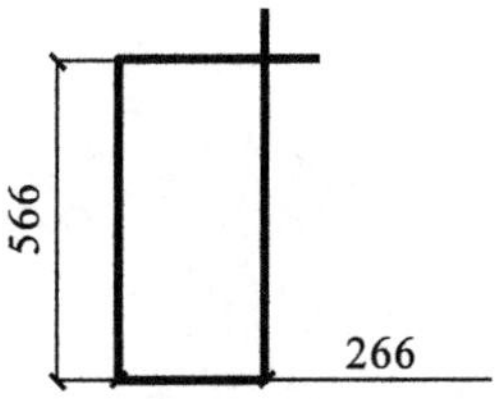

图4-30　箍筋

（13）箍筋根数计算。

① 第一跨箍筋根数。

$$N = 2 \times \text{Round}(1.5h_b - 50)/间距 + \text{Round}(l_n - 2 \times 1.5h_b)/间距 + 1$$
$$= 2 \times \text{Round}[(1.5 \times 600 - 50)/100] + \text{Round}[(3\ 600 - 400 - 2 \times 1.5 \times 600)/200] + 1$$
$$= 2 \times 9 + 7 + 1$$
$$= 26$$

② 第二跨箍筋根数。

$$N = 2 \times \text{Round}[(1.5 \times 600 - 50)/100] + [\text{Round}(5\ 800 - 400 - 2 \times 1.5 \times 600)/200] + 1$$
$$= 2 \times 9 + 18 + 1$$
$$= 37$$

③ 第三跨箍筋根数（同第一跨）。

$$N = 26$$

④ 右悬挑梁箍筋根数。

$$N = \text{Round}[(2\ 800 - 200 - 2 \times 50)/100] + 1$$
$$= 26$$

总根数：
$$N = 26 + 37 + 26 + 26 = 115$$

任务 1 剪力墙平法施工图的制图规则

剪力墙平法施工图是在结构剪力墙平面布置图上，采用列表注写方式或截面注写方式对剪力墙的信息表达。

剪力墙设计与框架柱或梁类构件设计有显著区别，具体表现在：柱、梁构件属于杆类构件，而剪力墙水平截面的长宽比相对于杆类构件的高宽比要大得多；柱、梁构件的内力基本上逐层、逐跨呈规律变化，而剪力墙内力基本上呈整体变化，与层关联的规律性不明显。剪力墙本身特有的内力变化规律与抵抗地震作用时的构造特点，决定了必须在其边缘部位加强配筋，以及在其楼层位置根据抗震等级要求加强配筋或局部加大截面尺寸。此外，连接两片墙的水平构件功能也与普通梁有显著不同。为了表达简便、清晰,平法将剪力墙分为剪力墙柱、剪力墙身和剪力墙梁三类构件分别表达。

应当注意,归入剪力墙柱的端柱、暗柱等并不是普通概念的柱,因为这些墙柱不可能脱离整片剪力墙独立存在,也不可能独立变形。我们称其为墙柱,是因为其配筋都是由竖向纵筋和水平箍筋构成,绑扎方式与柱相同,但与柱不同的地方是墙柱同时与墙身混凝土和钢筋完整地结合在一起,因此,墙柱实质上是剪力墙边缘的集中配筋加强部位。同理,归入剪力墙梁的暗梁、边框梁等也不是普通概念的梁,因为这些墙梁不可能脱离整片剪力墙独立存在,也不可能像普通概念的梁一样独立受弯变形,事实上暗梁、边框梁根本不属于受弯构件。我们称其为墙梁,是因为其配筋都是由纵向钢筋和横向箍筋构成,绑扎方式与梁基本相同,同时又与墙身的混凝土与钢筋完整地结合在一起,因此,暗梁、边框梁实质上是剪力墙在楼层位置的水平加强带。此外,归入剪力墙梁中的连梁虽然属于水平构件,但其主要功能是将两片剪力墙连接在一起,当抵抗地震作用时使两片连接在一起的剪力墙协调工作。连梁的形状与深梁基本相同,但受力原理亦有较大区别。

一、剪力墙的编号规定

在平法剪力墙施工图中,剪力墙分为以剪力墙柱编号(见表5-1)、剪力墙身编号(见表5-2)和剪力墙梁编号(见表5-3)分别表达。

表5-1 墙柱编号

墙 柱 类 型	代 号	序 号
约束边缘暗柱	YAZ	××
约束边缘端柱	YDZ	××
约束边缘翼墙(柱)	YYZ	××
约束边缘转角墙(柱)	YJZ	××
构造边缘端柱	GDZ	××
构造边缘暗柱	GAZ	××
构造边缘翼墙(柱)	GYZ	××
构造边缘转角墙(柱)	GJZ	××
非边缘暗柱	AZ	××
扶壁柱	FBZ	××

表5-2 墙梁编号

墙 梁 类 型	代 号	序 号
连梁	LL	××
连梁(有交叉暗撑)	LL(JC)	××
连梁(有交叉钢筋)	LL(JG)	××
暗梁	AL	××
边框梁	BKL	××

表 5-3　墙身编号

墙身编号	代　号	序　号
剪力墙身	Q(X)	××

二、剪力墙平面表达形式

剪力墙平法施工图的表达方式有以下两种：①列表注写方式；②截面注写方式。

列表注写方式与截面注写方式均适用于各种结构类型。列表注写方式可在一张图纸上将全部剪力墙一次性表达清楚，也可以按剪力墙标准层逐层表达；截面注写方式通常需要首先划分剪力墙标准层后，再按标准层分别绘制。

1. 列表注写方式

列表注写方式，是分别在剪力墙柱表、剪力墙表和剪力墙梁表中，对应于剪力墙平面布置图上的编号，用绘制截配筋图并注写几何尺寸与配筋具体数值的方式来表达剪力墙平法施工图。剪力墙平法施工图如图 5-1 所示，剪力墙身表、墙梁表如图 5-2 所示，剪力墙柱表如图 5-3 所示。

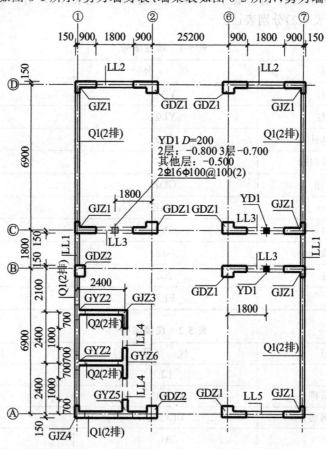

图 5-1　剪力墙平法施工图

剪 力 墙 梁 表

编号	所在楼层号	梁顶相对标高高差	梁截面 $b \times h$	上部纵筋	下部纵筋	侧面纵筋	箍筋
LL1	2-9	0.800	300×2000	4Φ22	4Φ22	同Q1水平分布筋	Φ10@100(2)
	10-16	0.800	250×2000	4Φ20	4Φ20		Φ10@100(2)
	屋面		250×1200	4Φ20	4Φ20		Φ10@100(2)
LL2	3	-1.200	300×2520	4Φ22	4Φ22	同Q1水平分布筋	Φ10@150(2)
	4	-0.900	300×2070	4Φ22	4Φ22		Φ10@150(2)
	5-9	-0.900	300×1770	4Φ22	4Φ22		Φ10@150(2)
	10-屋面1	-0.900	250×1770	3Φ22	3Φ22		Φ10@150(2)
LL3	2		300×2070	4Φ22	4Φ22	同Q1水平分布筋	Φ10@100(2)
	3		300×1770	4Φ22	4Φ22		Φ10@100(2)
	4-9		300×1170	4Φ22	4Φ22		Φ10@100(2)
	10-屋面1		250×1170	3Φ22	3Φ22		Φ10@100(2)
LL4	2		250×2070	3Φ20	3Φ20	同Q2水平分布筋	Φ10@120(2)
	3		250×1770	3Φ20	3Φ20		Φ10@120(2)
	4-屋面1		250×1170	3Φ20	3Φ20		Φ10@120(2)
AL1	2-9		300×600	3Φ20	3Φ20		Φ8@150(2)
	10-16		250×500	3Φ18	3Φ18		Φ8@150(2)
BKL1	屋面1		500×750	4Φ22	4Φ22		Φ10@150(2)

剪 力 墙 身 表

编号	标高	墙厚	水平分布筋	垂直分布筋	拉筋
Q1(2排)	-0.030—30.270	300	Φ12@250	Φ12@250	Φ6@500
	30.270—59.070	250	Φ10@250	Φ10@250	Φ6@500
Q2(2排)	-0.030—30.270	250	Φ10@250	Φ10@250	Φ6@500
	30.270—59.070	200	Φ10@250	Φ10@250	Φ6@500

图 5-2 剪力墙梁表和墙身表

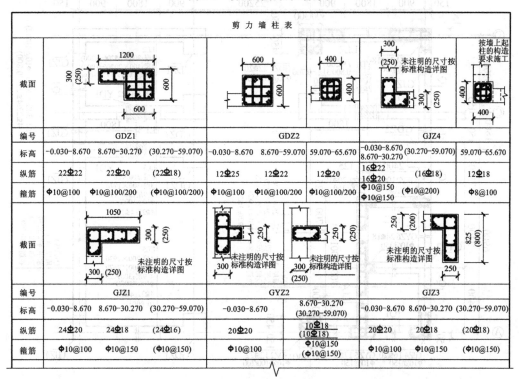

图 5-3 剪力墙柱表

(1) 剪力墙梁表。在剪力墙梁表中,包括了墙梁编号,墙梁所在楼层号,墙梁顶面标高高差(指相对于墙梁所在结构层楼面标高的高差值,正值代表高于楼面标高,负值代表低于楼面标高,未注明的代表无高差),墙梁截面尺寸 $b×h$、上部纵筋、下部纵筋和箍筋的具体数值等内容。当连梁设有斜向交叉暗撑(代号为 LL(JC)××,并且连梁截面宽度不小于 400 mm)或斜向交叉钢筋(代号 LL(JG)××,并且连梁截面宽度小于 400 mm 但不小于 200 mm)时,标写为"配筋值×2"。其中,"配筋值"是指一根暗撑的全部纵筋或一道斜向钢筋的配筋数值,"×2"代表有两根暗撑相互交叉或两道斜向钢筋相互交叉。

(2) 剪力墙身表。在剪力墙身表中,包括墙身编号(含水平与竖向分布钢筋的排数),墙身的起止标高(表达方式同墙柱的起止标高),水平分布钢筋、竖向分布钢筋和拉筋的具体数值(表中的数值为一排水平分布钢筋和竖向分布钢筋的规格与间距,具体设置几排见墙身后面的括号)等内容。

(3) 剪力墙柱表。在剪力墙柱表中,包括了墙柱编号,截图配筋图,加注的几何尺寸(未注明的尺寸按标注构建详图取值),墙柱的起止标高,全部纵向钢筋和箍筋等内容。其中,墙柱的起止标高自墙柱根部往上以变截面位置或截面未变但配筋改变处为分段界限,墙柱根部标高是指基础顶面标高(框支剪力墙结构则为框支梁的顶面标高)。

2. 截面注写方式

(1) 原位注写方式,是在分标准层绘制的剪力墙平面布置图上以直接在墙柱、墙身、墙梁上注写截面和配筋具体数值的方式来表达剪力墙平法施工图,如图 5-4 所示。

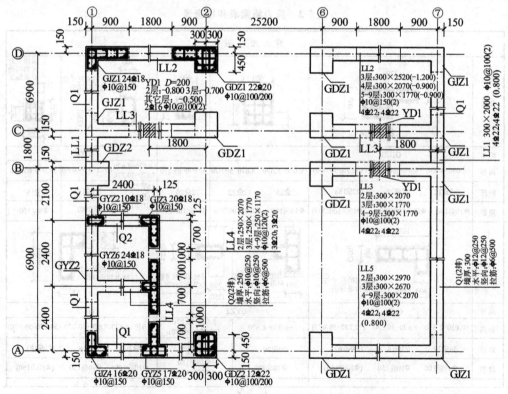

图 5-4 剪力墙平法施工图

（2）选用适当比例原位放大绘制剪力墙平面布置图。其中，对墙柱绘制配筋截面图；对所有墙柱、墙身、墙梁分别按剪力墙编号规定进行编号，并分别在相同编号的墙柱、墙身、墙梁中选择一根墙柱、一道墙身、一根墙梁进行注写。其注写内容按以下规定执行。

① 剪力墙柱的注写内容有：截面配筋图、截面尺寸、全部纵筋和箍筋的具体数值。

② 剪力墙身的注写内容有：墙身编号（编号后括号内的数值表示墙身所配置的水平与竖向分布钢筋的排数）、墙厚尺寸、水平分布钢筋和竖向分布钢筋以及拉筋的具体数值。

③ 剪力墙梁的注写内容有：墙梁编号、墙梁截面尺寸 $b \times h$、墙梁箍筋、上部纵筋、下部纵筋和墙梁顶面标高高差（含义同列表注写方式）。

三、剪力墙洞口的表示方法

无论采用列表注写方式还是截面注写方式，剪力墙上的洞口均可在剪力墙平面布置图上原位表达，具体表示方法如下。

（1）在剪力墙平面布置图上绘制洞口示意图，并标注洞口中心的平面定位尺寸。

（2）在洞口中心位置引注：洞口编号、洞口几何尺寸、洞口中心相对标高和洞口每边补强钢筋等四项内容。

① 洞口编号：矩形洞口为 JD×× （×× 为序号）；圆形洞口为 YD×× （×× 为序号）。

② 洞口几何尺寸：矩形洞口为洞宽×洞高（$b \times h$），圆形洞口为洞口的直径 d。

③ 洞口中心相对标高，是相对于结构层楼（地）面标高的洞口中心高度。当其高于结构层楼面时为正值，低于结构层楼面时为负值。

④ 洞口每边补强钢筋，分为以下几种不同情况。

● 当矩形洞口的洞宽、洞高均不大于 800 mm 时，如果设置构造补强纵筋，即洞口每边配置钢筋≥2φ12 且不小于同向被切断钢筋总面积的 50%，则本项免注，如图 5-5 所示。

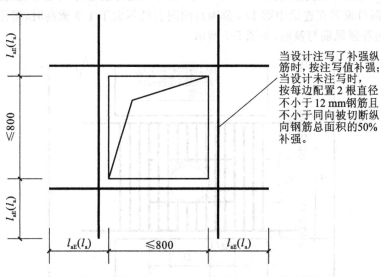

图 5-5　矩形洞口的宽和高均不大于 800 mm 的补强构造

例如：JD3 400×300，＋3.100，表示 3 号矩形洞口，洞口 400 mm，洞高 300 mm，洞口中心距本结构层楼面 3 100 mm，洞口每边补强钢筋按构造配置。

● 矩形洞口的洞宽、洞高均不大于 800 mm 时,如果设置补强纵筋大于构造配筋,此项注写洞口每边补强钢筋的数值。

例如:JD2 400×300,+3.100,3b14,表示 2 号矩形洞口,洞宽 400 mm,洞高 300 mm,洞口中心距本结构层楼面 3 100 mm,洞口每边补强钢筋为 3b14。

● 当矩形洞口的洞宽大于 800 mm 时,在洞口的上、下需设置补强暗梁,此项注写为洞口上、下每边暗梁的纵筋与箍筋的具体数值(在标准构造详图中,补强暗梁梁高一律定为 400 mm,施工时按标准构造详图取值,设计不注;当设计者采用与该构造详图不同做法时,应另行注明)。当洞口上、下边为剪力墙连梁时,此项免注。洞口竖向两侧按边缘构件配筋,亦不在此项表达。具体如图 5-6 所示。

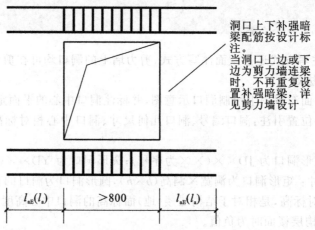

图5-6 矩形洞宽和洞高均大于 800 mm 时,洞口补强暗梁构造

例如:JD5 1800×2100,+1.800,6b20,φ8@150,表示 5 号矩形洞口,洞宽 1 800 mm,洞高 2 100 mm,洞口中心距本结构层楼面 1 800 mm,洞口上下设置补强暗梁,每边暗梁纵筋为 φ8@150。

● 当圆形洞口设置在连梁中部 1/3 范围且圆洞直径不大于 1/3 梁高时,需注写在圆洞上下水平设置的每边补强纵筋与箍筋,如图 5-7 所示。

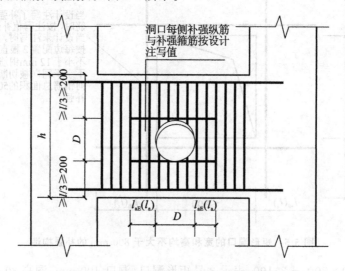

图5-7 连梁中部圆形洞口补强钢筋构造

● 当圆形洞口设置在墙身或暗梁、边框梁位置,并且洞口直径不大于 300 mm 时,此项注写洞口上下左右每边布置的补强纵筋的数值,如图 5-8 所示。

● 当圆形洞口直径大于 300 mm,但不大于 800 mm 时,其加强钢筋在标准结构详图中是按照圆外切正六边形的边长方向布置,设计时仅需注写六边形中一边补强钢筋的具体数值,如图 5-9 所示。

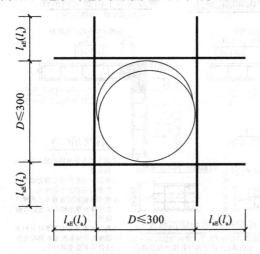 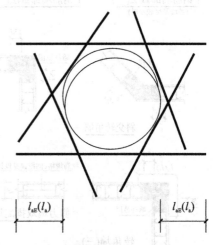

图 5-8 剪力墙圆形洞口直径不大于 300 mm 时,
补强纵筋构造

图 5-9 剪力墙圆形洞口直径大于 300 mm 时,
补强纵筋构造

任务 2 剪力墙构件钢筋计算

一、剪力墙墙身水平钢筋计算

剪力墙墙身水平钢筋构造如图 5-10 所示。

1. 墙端为暗柱

若墙端为暗柱,算量时可参考图 5-10。

1) 外侧钢筋连续通过

外侧钢筋长度=墙长−保护层(搭接及锚固长度均为 $1.2l_{aE}$)

内侧钢筋=墙长−保护层+弯折(分为弯折 $10d$ 和 $15d$ 两种,注意区分)

2) 外侧钢筋不连续通过

外侧钢筋长度=墙长−保护层+$0.8l_{aE}$

内侧钢筋长度=墙长−保护层+弯折(分为弯折 $10d$ 和 $15d$ 两种,注意区分)

水平钢筋根数=层高/间距+1(暗梁、连梁墙身水平筋照设)

2. 墙端为端柱

若墙端为端柱,算量时可参考图 5-11。

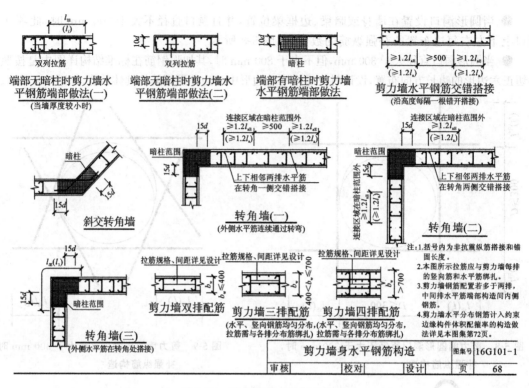

图 5-10　剪力墙身水平钢筋构造

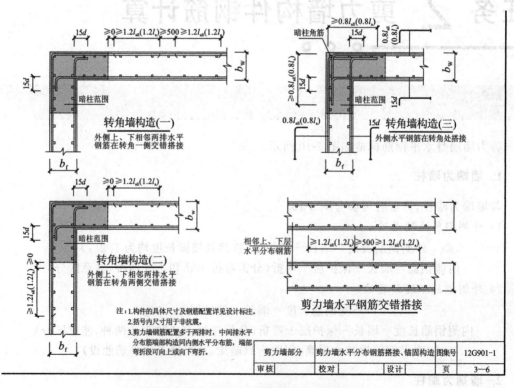

图 5-11　剪力墙水平分布钢筋搭接、锚固构造

1）外侧钢筋连续通过

图集中没有连通的情况，因为考虑在实际施工时，为了便于施工，外侧钢筋应尽量断开，不考虑连续通过。

2）外侧钢筋不连续通过

$$外侧钢筋长度＝墙长＋端柱截面长度（\geqslant 0.6l_{aE}）－保护层＋15d$$

$$内侧钢筋长度＝墙长＋端柱截面长度（\geqslant 0.6l_{aE}）－保护层＋15d$$

$$水平钢筋根数＝层高/间距＋1（暗梁、连梁墙身水平筋照常设置）$$

注：如果剪力墙存在多排垂直筋和水平钢筋时，其中间水平钢筋在拐角处的锚固措施同该墙的内侧水平筋的锚固构造。

3. 剪力墙墙身有洞口

当剪力墙墙身有洞口时，墙身水平筋在洞口左右两边截断，分别向下弯折 $15d$，如图 5-12 所示。

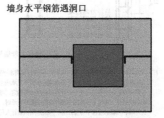

墙身水平钢筋遇洞口

图 5-12 剪力墙遇洞口截断

二、剪力墙墙身竖向钢筋计算

剪力墙竖向钢筋构造如图 5-13 所示。

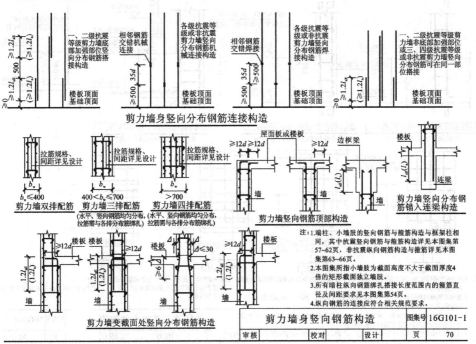

图 5-13 剪力墙竖向钢筋构造

地下室外墙钢筋构造如图 5-14 所示。

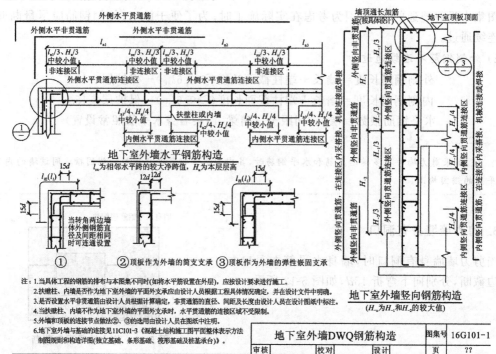

图 5-14 地下室外墙钢筋构造

墙插筋在基础中的锚固如图 5-15 所示。

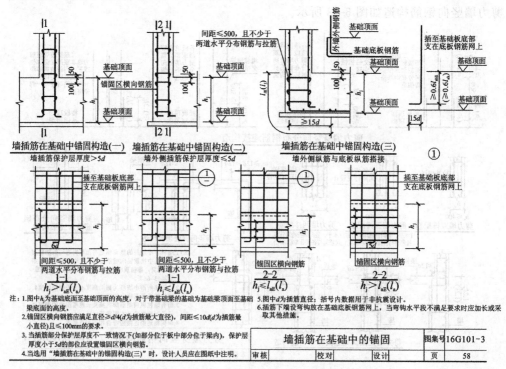

图 5-15 墙插筋在基础中的锚固

（1）首层墙身纵筋长度＝基础插筋（由基础厚度分为两种情况）＋首层层高＋伸入上层的搭接长度（搭接长度取决于机械连接方式）

当基础厚度 $\geqslant l_{aE}$ 时：基础插筋长度 $= l_{aE} + \max\{6d, 150\}$

当基础厚度 $\leqslant l_{aE}$ 时：基础插筋长度＝基础厚度－保护层 $+15d$

（2）中间层墙身纵筋长度＝本层层高＋伸入上层的搭接长度

（3）顶层墙身纵筋长度＝层净高＋顶层锚固长度

墙身竖向钢筋根数＝墙净长/间距＋1

（墙身竖向钢筋从暗柱、端柱边 50 mm 开始布置）

（4）剪力墙墙身有洞口时，墙身竖向筋在洞口上下两边截断，分别横向弯折 $15d$，如图 5-16 所示。

墙身竖向钢筋与洞口

图 5-16　墙身竖向有洞口

三、墙身拉筋计算

剪力墙拉筋排布如图 5-17 所示。

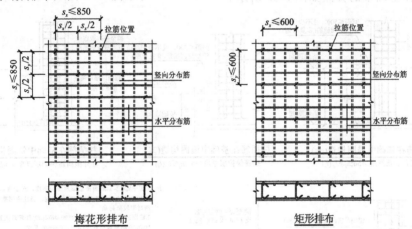

图 5-17　剪力墙拉筋排布图

（1）　　　长度＝墙厚－保护层＋弯钩（弯钩长度 $= 2 \times 11.9d + 2 \times d$）

（2）　　　　　　根数＝墙净面积/拉筋的布置面积

注：● 墙净面积是指要扣除暗（端）柱、暗（连）梁，即

墙净面积＝墙面积－门洞总面积－暗柱剖面积－暗梁面积

● 拉筋的面筋面积＝拉筋的横向间距×拉筋的竖向间距。

例如：$(8\,000 \times 3\,840)/(600 \times 600)$

梁、柱、剪力墙和拉筋弯钩构造如图 5-18 所示。

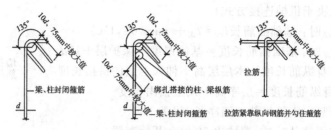

梁、柱、剪力墙箍筋和拉筋弯钩构造

图 5-18　剪力墙拉筋弯钩构造

四、剪力墙墙柱钢筋计算

柱插筋在基础中的锚固如图 5-19 所示。

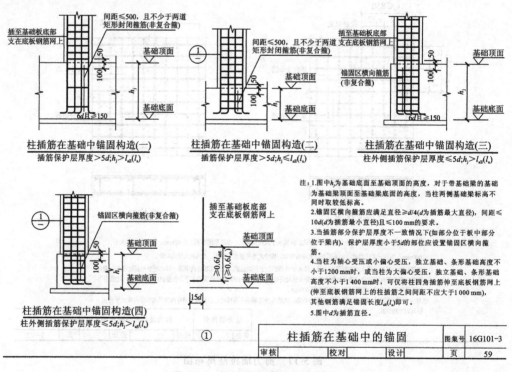

图 5-19　柱插筋在基础中的锚固

1. 纵筋

（1）首层墙柱纵筋长度＝基础插筋（由基础厚度分为两种情况）＋首层层高＋伸入上层的搭接长度（搭接长度取决于机械连接方式）

● 当基础厚度 $\geqslant l_{aE}$ 时：基础插筋长度＝ $l_{aE}+\max\{6d,150\}$

● 当基础厚度 $\leqslant l_{aE}$ 时：基础插筋长度＝基础厚度－保护层＋ $15d$

(2) 　　中间层墙柱纵筋长度＝本层层高＋伸入上层的搭接长度

(3) 　　　　顶层墙柱纵筋长度＝层净高＋顶层锚固长度

注：如果是端柱，顶层锚固要区分边、中、角柱，并且要区分外侧钢筋和内侧钢筋。并且因为端柱可以看成是框架柱，所以其锚固也与框架柱相同。

2. 箍筋

箍筋依据设计图纸自由组合计算，其计算公式同梁箍筋。

五、剪力墙墙梁钢筋计算

1. 连梁

剪力墙连梁配筋构造如图 5-20 所示。

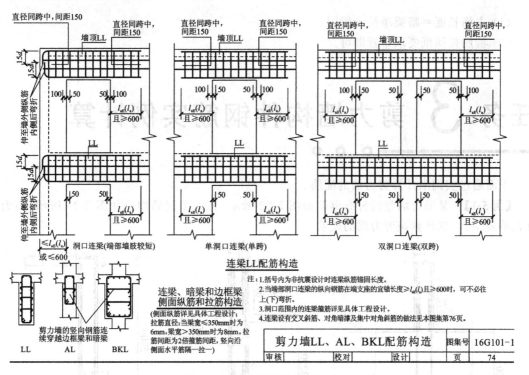

图 5-20　剪力墙连梁配筋构造

1）受力主筋

　　　　顶层连梁主筋长度＝洞口宽度＋左右两边锚固值 l_{aE}

　　　　中间层连梁纵筋长度＝洞口宽度＋左右两边锚固值 l_{aE}

2）箍筋

剪力墙暗梁箍筋配筋构造如图 5-21 所示。

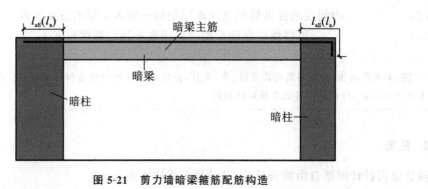

图 5-21　剪力墙暗梁箍筋配筋构造

顶层连梁、纵筋长度范围内均布置箍筋,即:

$$N=[(l_{aE}-100)/150+1]\times2+(洞口宽-50\times2)/间距+1(顶层)$$

中间层连梁、洞口范围内布置箍筋,洞口两边再各加一根,即:

$$N=(洞口宽-50\times2)/间距+1(中间层)$$

2. 暗梁

(1) 主筋长度=暗梁净长+锚固。

(2) 箍筋按图纸要求布置即可。

任务 **3** 剪力墙构件钢筋实例计算

下面通过实例来计算剪力墙的配筋。

【例 5-1】 某剪力墙竖向分布钢筋如图 5-22 所示,其水平钢筋构造如图 5-23 所示,剪力墙身表见表 5-4。试计算该剪力墙的配筋。

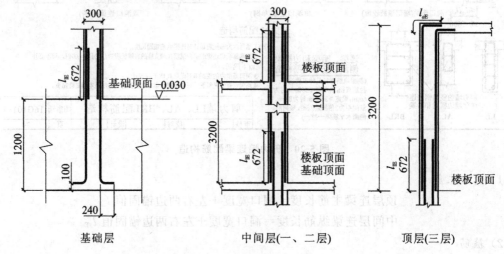

基础层　　　　　　　中间层(一、二层)　　　　　　　顶层(三层)

图 5-22　剪力墙竖向分布钢筋

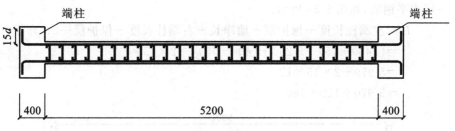

图 5-23　剪力墙水平钢筋构造

表 5-4　剪力墙身表

编号	标高	墙厚	水平分布筋	垂直分布筋	拉筋
Q₁(2 排)	−0.030~9.570	300	Φ12@200	Φ12@200	Φ6@200

说明:

(1) 剪力墙 Q₁,三级抗震,C25 混凝土,保护层为 15,各层楼板厚度均为 100 mm。

(2) l_{aE},l_{lE} 取值按 11G101—1 图集中的规定。

【解】　手工计算结果如下。

(1) 基础部分纵筋(ϕ12),如图 5-24 所示。

$$
\begin{aligned}
L &= 基础内弯折 + 基础内高度 + 钢筋搭接长度\ l_{lE} \\
&= 240 + [(1\ 200 - 100) + 1.6 \times l_{aE}] \\
&= 240 + [(1\ 200 - 100) + 1.6 \times 35 \times 12] \\
&= 240 + 1\ 772
\end{aligned}
$$

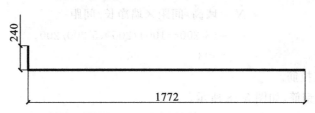

图 5-24　基础部分纵筋

根数:

$$
\begin{aligned}
N &= 排数\{Round[(墙净长 - 50 \times 2)/间距] + 1\} \\
&= 2 \times \{Round[(5\ 200 - 50 \times 2)/200] + 1\} \\
&= 54
\end{aligned}
$$

(2) 中间层和一层的竖向钢筋,如图 5-25 所示。

$$
\begin{aligned}
L &= 层高 + 上面钢筋搭接长度\ l_{lE} \\
&= 3\ 200 + 1.6 l_{lE} \\
&= 3\ 200 + 1.6 \times 35 \times 12 \\
&= 3\ 872
\end{aligned}
$$

3872

图 5-25　中间层和一层的竖向钢筋

（3）一层水平钢筋，如图5-26所示。

$$L = 左端柱长度 - 保护层 + 墙净长 + 右端柱长度 - 保护层 + 2 \times 弯折$$
$$= [(400-15) + 5\,200 + (400-15)] + 2 \times 15d$$
$$= 5\,970 + 2 \times 15 \times 12$$
$$= 5\,970 + 180 + 180$$

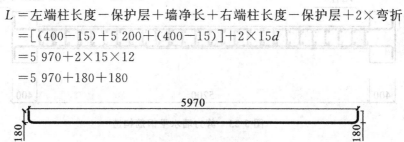

图5-26　一层水平钢筋

根数：
$$N = 排数(墙净高/间距 + 1)$$
$$= 2 \times [(3\,200-100)/200 + 1]$$
$$= 34$$

（4）一层拉筋，如图5-27所示。

$$L = 墙厚 - 2 \times 保护层厚度 + 2 \times 直径$$
$$= 300 - 2 \times 15 + 2 \times 6$$
$$= 282$$

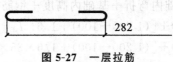

图5-27　一层拉筋

根数：
$$N = 墙高/间距 \times 墙净长/间距$$
$$= (3\,200-100)/200 \times 5\,200/200$$
$$= 403$$

二层拉筋同一层拉筋。

（5）顶层的竖向钢筋，如图5-28所示。

$$L = 层高 - 保护层 + (l_{aE} - 板厚 + 保护层)$$
$$= (3\,200-15) + (35 \times 12 - 100 + 15)$$
$$= 3\,185 + 335$$

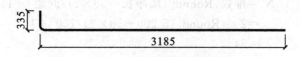

图5-28　顶层的竖向钢筋

其根数同中间层：$N=54$。

顶层的水平钢筋和拉筋同中间层。

学习情境 6

板构件

任务 1 板平法施工图的制图规则

一、板平法施工图的注写方式

　　有梁楼盖板平法施工图,是在楼面板和屋面板的布置图上,采用平面注写的表达方式得到的。板平面注写主要包括板块集中标注和板支座原位标注。

　　为了方便设计表达和施工识图,规定结构平面的坐标方向为:当两向轴网正交布置时,图面

从左至右为 X 方向,从下至上为 Y 方向,当轴网转折时,局部坐标方向顺轴网转折角度做相应转折;当轴网向心布置时,切向为 X 方向,径向为 Y 方向。此外,对于平面布置比较复杂的区域,如轴网转折交界区域、向心布置的核心区域等,其平面坐标方向由设计者另行规定并在图上明确表示。板平法施工图示例如图 6-1 所示。

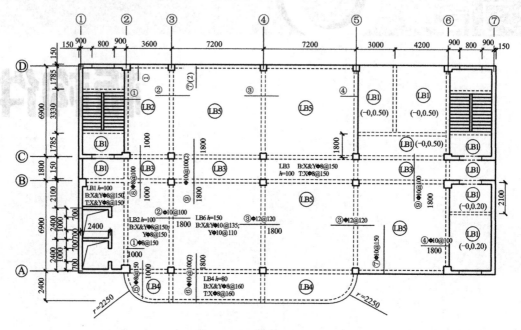

图 6-1　现浇混凝土楼面板平法施工图示例

1. 板块集中标注

标注内容为板块编号、板厚、贯通纵筋,以及当板面标高不同时的标高高差等。

对于普通楼面,两向均以一跨为一板块;对于密肋楼盖,两向主梁(框架梁)均以一跨为一板块(非主梁密肋不计)。所有板块应逐一编号,相同编号的板块可选择其中一个进行集中标注,其他板块仅注写置于圆圈内的板编号,以及当板面标高不同时的标高高差。

板块编号见表 6-1。

表 6-1　板块编号

板 类 型	代 号	序 号
楼面板	LB	××
屋面板	WB	××
延伸悬挑板	YXB	××
纯悬挑板	XB	××

板厚注写为 $h=\times\times\times$(为垂直于板面的厚度);当悬挑板的端部改变截面厚度时,用斜线分隔根部与端部的高度值,注写为 $h=\times\times\times/\times\times\times$;当设计已在图注中统一注明板厚时,此项可不注写。

贯通纵筋按板块的下部和上部分别注写(当板块上部不设贯通纵筋时则不注写),并以 B 代表下部,以 T 代表上部,B&T 代表下部与上部;X 向贯通纵筋以 X 开头,Y 向贯通纵筋以 Y 开头,两向贯通纵筋配置相同时则以 X&Y 开头。当为单向板时,另一方向贯通的分布筋可不必注写,而在图中统一注明。当在某些板内(如在延伸悬挑板 YXB 或纯悬挑板 XB 的下部)配置有构造钢筋时,则 X 方向以 Xc 开头,Y 方向以 Yc 开头注写。当 Y 方向采用放射配筋时(此时切向为 X 方向,径向为 Y 方向),应注明配筋间距的度量位置。当板的悬挑部分与跨内板有高差且低于跨内板时,宜将悬挑部分设计为纯悬挑板 XB。

板面标高高差,是指相对于结构层楼面标高的高差,应将其注写在括号内。当有高差时注写,无高差时则不注写。

同一编号板块的类型、板厚和贯通纵筋均应相同,但板面标高、跨度、平面形状以及板支座上部非贯通纵筋可以不同。例如,同一编号板块的平面开头可以为矩形、多边形及其他形状等。

单向或双向连续板的中间支座上部同向贯通纵筋,不应在支座位置连接或分别锚固。当相邻两跨的板上部贯通纵筋配置相同且跨中部位有足够空间连接时,可在两跨中任意一跨的跨中连接部位连接;当相邻两跨的上部贯通纵筋配置不同时,应将配置较大者越过其标注的跨数终点或起点伸至相邻跨的跨中连接区域连接。

2. 板支座原位标注

标注内容为:板支座上部非贯通纵筋和纯悬挑板上部受力钢筋。

板支座原位标注的钢筋,在配置相同跨的第一跨表达(当在梁悬挑部位单独配置时,则在原位表达)。

标注方法为:在配置相同跨的第一跨(或梁悬挑部位),垂直于板支座(梁或墙)绘制一段适宜长度的中粗实线(当该筋通长设置在悬挑板或短跨板上部时,实线段应画至对边或贯通短跨),以该线代表支座上部非贯通纵筋,并在线段上方注写钢筋编号、配筋值、横向连续布置的跨数(注写在括号内,并且当一跨时可不注),以及是否横向布置到梁的悬挑端。

例如:(××)为横向布置的跨数,(××A)为横向布置的跨数及一端的悬挑部位,(××B)为横向布置的跨数及两端的悬挑部位。

板支座上部非贯通筋自支座中线向跨内的延伸长度,注写在线段下方的位置。当中间支座上部非贯通纵筋向支座两侧对称延伸时,仅在支座一侧线段下方标注延伸长度,另一侧不注。

当向支座两侧非对称延伸时,应分别在支座两侧线段下方注写延伸长度。

对线段画至对边贯通全跨或贯通全悬挑长度的上部通长纵筋,贯通全跨或延伸至全悬挑一侧的长度值不注,只注明非贯通筋另一侧的延伸长度值。

当板支座为弧形,支座上部非贯通纵筋呈放射状分布时,设计者注明配筋间距的度量位置并加注"放射分布"四字。

在板平面布置图中,不同部位的板支座上部非贯通纵筋及纯悬挑板上部受力钢筋,可仅在一个部位注写,对其他相同者则仅需在代表钢筋的线段上注写编号及横向连续布置的跨数(当为一跨时可不注)即可。

例如:在板平面布置图某部位,横跨支承梁绘制的对称线段上注有④φ12@100(3A)和1 500,表示支座上部④号非贯通纵筋为φ12@100,从该跨起沿支承梁连续布置三跨加梁一端,该筋自支座中线向两侧跨内的延伸长度均为1 500 mm,在同一板平面布置图的另一部位横跨梁支座绘制的对称线段上注有④(2)者,表示该筋同④号纵筋,沿支承梁连续布置两跨,并且无梁悬挑端布置。

与板支座上部非贯通纵筋垂直且绑扎在一起的构造钢筋或分布钢筋,由设计者在图中注明。

当板的上部已配置有贯通纵筋,但需增配板支座上部非贯通纵筋时,应结合已配置的同向贯通纵筋的直径与间距采取"隔一布一"方式配置。

"隔一布一"方式,为非贯通纵筋的标注间距与贯通纵筋相同,两组合后的实际间距为各自标注间距的1/2。当设定贯通纵筋为纵筋总截面面积的50%时,两种钢筋应取相同直径;当设定贯通纵筋大于或小于总截面面积的50%时,两种钢筋取不同直径。

例如:板上部已配置贯通纵筋φ12@250,该跨同向配置的上部支座非贯通纵筋为⑤φ12@250,表示在该支座上部调协的纵筋实际为φ12@125,其中1/2为贯通纵筋,1/2为非贯通纵筋⑤。

施工时应注意,当支座一侧设置了上部贯通纵筋(在板集中标注中以T开头),而在支座另一侧仅设置了上部非贯通纵筋时,如果支座两侧设置的纵筋直径、间距相同,则应将二者连通,避免各自在支座上部分别锚固。延伸悬挑板的上部受力钢筋与相邻跨内板的上部纵筋连通配置。

二、板平面标注示例

板的平面标注如图 6-2 所示。

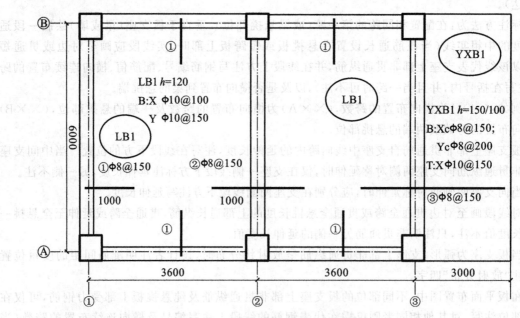

图 6-2 双跨单边悬挑板平面标注

在图 6-2 中,LB1 集中标注的含义如下。

(1)楼面板厚 120 mm。

(2)底面受力筋 X 方向直径为 φ10,间距 100 mm;Y 方向直径为 φ10,间距 150 mm。

在图 6-2 中,LB1 支座原位标注的含义如下。

(1) 单边支座钢筋①直径为 φ8,间距 150 mm,支座外长度为 1 000 mm。

(2) 双边支座钢筋②直径为 φ8,间距 150 mm,支座外长度每边为 1 000 mm。

在图 6-2 中,YXB1 集中标注的含义如下。

(1) 板的根部厚度为 150 mm,板的端部厚度为 100 mm。

(2) 下部构造筋 X 方向直径为 φ8,间距 150 mm;Y 方向直径为 φ8,间距 200 mm。

(3) 上部构造筋 X 方向直径为 φ8,间距 150 mm;Y 方向按钢筋①布置。

三、板式楼梯平法施工图的注写方式

板式楼梯平法施工图是在楼梯平面布置图上采用平面注写方式表达。

板式楼梯分两组:第一组有 AT 型、BT 型、CT 型、DT 型、ET 型 5 种;第二组有 FT 型、GT 型、HT 型、JT 型、KT 型、LT 型 6 种。

1. 第一组板式楼梯的特征

第一组 AT~ET 型板式楼梯具备以下特征。

(1) AT~ET 每个代号代表一个跑梯板。梯板的主体为踏步段,除踏步段之外,梯板可包括低端平板、高端平板及中位平板。

(2) AT~ET 各型梯板的截面形状为:AT 型梯板全部由踏步段构成;BT 型梯板由低端平板和踏步段构成;CT 型梯板由踏步段和高端平板构成;DT 型梯板由低端平板、踏步段和高端平板构成;ET 型梯板由低端踏步段、中位平板和高端踏步段构成。

(3) AT~ET 型梯板的两端分别以(低端和高端)梯梁为支座,采用该组板式楼梯的楼梯间内部既要设置楼层梯梁,也要设置层间梯梁。其中,ET 型梯板两端均为楼层梯梁,以及与其相连的楼层平台板和层间平台板。

(4) 对于民用建筑楼梯,AT~ET 型梯板的下部纵向钢筋由设计者按照 AT~ET 型楼梯平面注写方式注明;梯板支座端上部纵向钢筋按梯板下部纵向钢筋的 1/2 配置,并且不小于 φ8@200;上部纵向钢筋自支座边缘向跨内延伸的水平投影长度统一取不小于 1/4 梯板净跨,设计不注;梯板的分布钢筋由设计者注写在楼梯平面图的图名下方。

(5) ET 型楼梯的低端平板或高端平板的净长、中位平板的位置及净长因具体工程而异。因此,当梯板上部纵向钢筋统一满足 1/4 梯板净跨的外伸长度值时,将会出现四种不同组合配筋构造形式,施工时应根据楼梯平法施工图中标注的几何尺寸,按照构造详图中的规定选用相应的配筋构造形式。

2. 第二组板式楼梯的特征

第二组 FT~LT 型板式楼梯具备以下特征。

(1) FT~LT 每个代号代表两跑相互平行的踏步段和连接它们的楼层平板及层间平板。

(2) FT~LT 型梯板的构造分两类。第一类包括 FT 型、GT 型、HT 型和 JT 型,由层间平板、踏步段和楼层平板构成。采用 FT~LT 型梯板时,楼梯间内部不需要设置楼层梯梁及层间梯梁。第二类包括 KT 型和 LT 型,由层间平板和踏步段构成。采用 KT 或 LT 型梯板时,楼梯间内部需要设置楼层梯梁及楼层平台板,但不需要设置层间梯梁及层间平台板。

(3) FT~LT 型梯板的支承方式如下。

① FT 型梯板:梯板的一端的层间平板采用三边支承,另一端的楼层平板也采用三边支承。

② GT 型梯板:梯板的一端的层间平板采用单边支承,另一端的楼层平板采用三边支承。

③ HT 型梯板:梯板的一端的层间平板采用三边支承,另一端的楼层平板采用单边支承。

④ JT 型梯板:梯板的一端的层间平板采用单边支承,另一端的楼层平板也采用单边支承。

⑤ KT 型梯板:梯板的一端的层间平板采用三边支承,另一端的踏步段采用单边支承(在梯梁上)。

⑥ LT 型梯板:梯板的一端的层间平板采用单边支承,另一端的踏步段采用单边支承(在梯梁上)。

(4) FT~LT 型梯板上部纵向与横向配筋、下部纵向与横向配筋、上部横向配筋的外伸长度,均由设计者按照 FT~LT 型楼梯的平面注写方式分别注明;梯板的分布钢筋注写在楼梯平面图的图名下方。梯板上部纵向配筋向跨内延伸的水平投影长度设计不注,详见相应的标准构造详图。

3. 特殊情况

特殊情况下,当楼层层高较高且楼梯间进深受到限制或服从标准层需要时,通常在该层内设置三跑或四跑楼梯。此时,对于第一组楼梯及第二组楼梯中的 KT 型、LT 型,位于楼层梯梁及楼层平台板垂直投影下的层间梯梁及层间平台板,应当按照楼层梯梁及楼层平台板处理;对于第二组楼梯中的 FT 型、GT 型、HT 型及 JT 型,位于楼层平板垂直投影下的层间平板,应当按照楼层平板处理。

4. 平面注写内容

平面注写内容,包括集中标注和外围标注。集中标注表达梯板的类型代号及序号、梯板的竖向几何尺寸和配筋;外围标注表达梯板的平面几何尺寸以及楼梯间的平面尺寸。

5. 绘制竖向布置简图标注的内容

在楼梯平法施工图上需绘制竖向布置简图,其所标注的内容包括:各跑梯板类型代号及序号(AT~FT)、各层梯板类型代号及序号(ET~LT)、楼层平台板代号及序号(AT~ET、KT、LT)、层间平台板代号及序号(AT~DT)、楼层结构标高、层间结构标高等。

任务 2 板构件钢筋计算

一、有梁楼盖楼面板(LB)和屋面板(WB)钢筋计算

有梁楼盖楼面板(LB)和屋面板(WB)钢筋构造,如图 6-3 所示。

板在端部支座的锚固构造,如图 6-4 所示。

在实际工程中,板分为现浇板和预制板,这里主要分析现浇板的布筋情况。

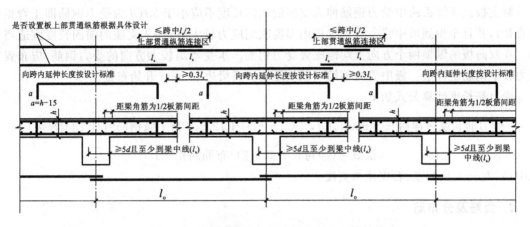

图 6-3 有梁楼盖楼面板 LB 和屋面板 WB 钢筋构造

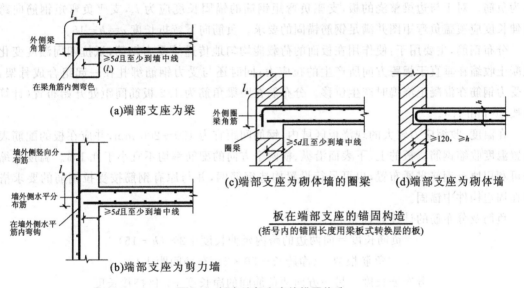

(a)端部支座为梁

(b)端部支座为剪力墙

(c)端部支座为砌体墙的圈梁

(d)端部支座为砌体墙

板在端部支座的锚固构造
(括号内的锚固长度用梁板式转换层的板)

图 6-4 板在端部支座的锚固构造

板筋主要包括:底部受力筋、上部负筋、分布筋、附加钢筋(角部附加放射筋、洞口附加钢筋)、撑脚钢筋(双层布筋时支撑上下层钢筋)等。

1. 底部受力筋

底部受力筋主要用于承受拉力。悬臂板及地下室底板等构件的受力钢筋的配置是在板的上部。当板为两端支承的简支板时,其底部受力钢筋平行于跨度布置;当板为四周支承并且其长短边之比值大于 2 时,板为单向受力,称为单向板,其底部受力钢筋平行于短边方向布置;当板为四周支承并且其长短边之比值小于或等于 2 时,板为双向受力,称为双向板,其底部纵横两个方向均为受力钢筋。

单向板和双向板可采用分离式配筋或弯起式配筋。分离式配筋因施工方便,已成为工程中主要采用的配筋方式。当多跨单向板、多跨双向板采用分离式配筋时,跨中受力钢筋宜全部伸入支座。

简支板或连续板跨中受力钢筋伸入支座的锚固长度不应小于 5d(d 为受力钢筋即正弯矩钢筋直径),并且至少到墙中线。当连续板内温度收缩应力较大时,伸入支座的锚固长度宜适当增加。在双向板的纵横两个方向上均需配置受力钢筋。承受弯矩较大方向的受力钢筋,应布置在受力较小钢筋的外层。板中受力钢筋一般从距墙边或梁边 50 mm 开始布置。

受力筋长度计算公式如下。

$$受力筋长度=净跨长+\max\{10d, \frac{1}{2}(b_1+b_2)\}+12.5d(当 Ⅰ 级钢筋时计 180°弯钩)$$

$$根数=(净跨长-50×2)/布筋间距+1$$

式中:b_1、b_2——板的左、右支座梁宽度。

2. 负筋及分布筋

为了避免板受力后,在支座上部出现裂缝,通常是在这些部位上部配置受拉钢筋,这种钢筋称为负筋。对于与边梁整浇的板,支座负弯矩钢筋的锚固长度应为 l_a,支座负弯矩钢筋向跨内延伸长度应覆盖负弯矩图并满足钢筋锚固的要求。负筋向下弯折长度 $a=h-15$。

分布钢筋,主要用于:使作用在板面的荷载能均匀地传递给受力钢筋;抵抗四周温度变化和混凝土收缩在垂直于板跨方向所产生的拉应力;同时还与受力钢筋绑扎在一起组合成骨架,防止受力钢筋在混凝土浇捣时产生位移。分布筋在距梁角筋为 1/2 板筋间距处开始布置(计算时可按 50 mm 计)。

在温度、收缩应力较大的现浇板区域内,钢筋间距宜为 150~200 mm,并应在板的配筋表面布置温度收缩钢筋。板的上、下表面沿纵、横两个方向的配筋率均不宜小于 0.1%。温度收缩钢筋可利用原有钢筋贯通布置,也可另行设置构造钢筋网,并与原有钢筋按受拉钢筋的要求搭接或在周边构件中锚固。

负筋及分布筋的计算公式如下。

$$负筋长度=向两边的跨内延伸长度+2×(h-15)$$

$$负筋根数=(净跨长-50×2)/布筋间距+1$$

$$分布筋长度=另一方向两负筋间的净长度+2 倍搭接长度$$

$$分布筋根数=2×[(负筋向跨内延伸长度-\frac{1}{2}b-50)/布筋间距+1]$$

注:搭接长度一般取 $1.2l_a$,当两边延伸长度不同时分布筋根数分别计算。

$$屋面板温度筋长度=两负筋间的净长度+2×1.6 l_a$$

$$屋面板温度筋根数=另一方向两负筋间的净长度/温度筋布筋间距+1$$

3. 温度筋

为了防止板因热胀冷缩而产生裂缝,在上部负筋中间位置布置温度筋。

1)温度筋长度

(1)当负筋标注到支座中心线时:

$$温度筋长度=两支座中心线长度-两负筋标注长度+参差长度(150)×2+弯钩×2$$

（2）当负筋标注到支座边线时：

温度筋长度＝两支座间净长－两负筋标注长度＋参差长度(150)×2＋弯钩×2

2）温度筋根数

（1）当负筋标注到支座中心线时：

温度筋根数＝(两支座中心线长度－两负筋标注长度)/温度筋间距－1

（2）当负筋标注到支座边线时：

温度筋根数＝(两支座间净长－两负筋标注长度)/温度筋间距－1

二、悬挑板的钢筋计算

1. 纯悬挑板的钢筋计算

纯悬挑板的钢筋计算如图 6-5 至 6-7 所示。

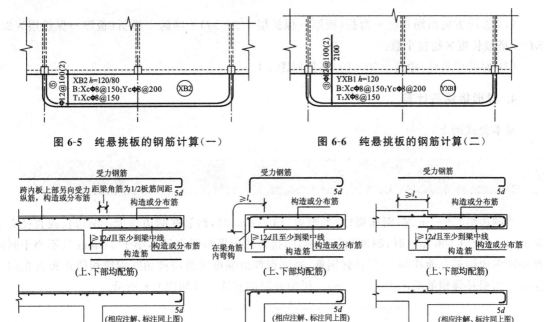

图 6-5　纯悬挑板的钢筋计算(一)　　　　图 6-6　纯悬挑板的钢筋计算(二)

图 6-7　纯悬挑板的钢筋计算(三)

（1）上部钢筋。

① 上部受力钢筋长度＝锚固长度 l_{aE}＋弯钩(二级钢筋不加)＋悬挑板净跨 XBK＋弯折(板厚－保护层×2＋5d)。

② 上部受力钢筋根数＝(悬挑板长度 l－保护层×2)/上部受力筋间距＋1。

③ 上部受力分布筋长度＝(悬挑板长度 l－保护层×2)＋弯钩×2(或不加)。

④ 上部受力分布筋根数＝(悬挑板净跨 XBK－保护层)／分布筋间距。

（2）下部钢筋。

① 下部构造筋长度＝锚固长度(max｛支座宽/2,12d｝)＋悬挑板净跨 XBK＋弯钩×2(二级钢筋不加)。

② 下部构造钢筋根数＝(悬挑板长度 l－保护层×2)/下部构造筋间距＋1。

③ 下部分布筋长度＝(悬挑板长度 l－保护层×2)＋弯钩×2(或不加)。

④ 下部分布筋根数＝(悬挑板净跨 XBK－保护层)／分布筋间距。

2. 一端延伸悬挑板的钢筋计算

（1）板跨方向面筋长度＝锚固长度(l_{aE})＋弯勾(一级钢筋)＋净跨＋弯折(板厚－保护层×2＋5d)＋搭接长度×搭接个数。

（2）面筋根数＝(净跨－50×2)/布筋间距＋1。

3. 两端延伸悬挑板的钢筋计算

（1）板跨方向面筋长度＝弯折(板厚－保护层×2＋5d)＋净跨＋弯折(板厚－保护层×2＋5d)＋搭接长度×搭接个数。

（2）面筋根数＝(净跨－50×2)/布筋间距＋1。

4. 异形板钢筋计算

基本公式同上。

三、板中开洞钢筋的计算

当洞边≤300 mm 时,钢筋绕行;当洞边＞300 mm 时,钢筋在洞边弯折。洞边长或直径大于 300 mm 小于 1 000 mm 时,洞加强筋不标注,按每边配置两根直径不小于 12 mm 且不小于同向被切断纵向钢筋总面积的 50％补强钢筋,补强钢筋的强度等级与被切断钢筋相同并布置在同一层面。两根补强钢筋的净距为 30 mm。板中开洞钢筋的计算如图 6-8 所示。

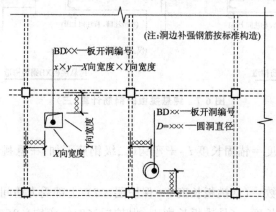

图 6-8 板中开洞钢筋的计算

1. 面筋

面筋在洞边向下弯折(板厚－保护层×2)时,有:

$$面筋长度＝(锚固长度 l_{aE}＋弯钩)＋(净长－保护层)＋弯折$$

2. 底筋

$$底筋长度＝锚固长度(\max\{h_a/2,5d\})＋弯钩＋(净长－保护层)＋弯折$$

(1) 有面筋时,底筋在洞边向上弯折:底筋长度＝板厚－保护层×2。

(2) 没有面筋时,底筋在洞边向上弯折:底筋长度＝板厚－保护层×2＋5d。

3. 加强钢筋的计算

加强钢筋的计算如图 6-9 至图 6-12 所示。

(1) 加强钢筋的长度:净跨＋$\max\{h_a/2,5d\}×2$。

(2) 加强钢筋根数:一个方向加强钢筋根数＝切断根数×(切断钢筋直径/加强钢筋直径)^2。

(3) 圆周形洞另加"斜放补强钢筋",采用两向补强纵筋中的较小者。

$$长度＝标注长＋l_a×2＋弯钩×2$$

式中:标注长——被两向加强筋切断的长度。

其根数一般是 8 根。

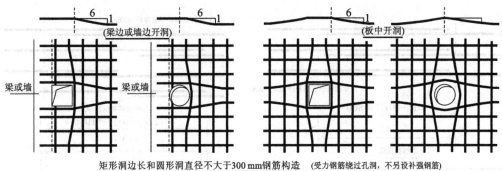

图 6-9　矩形洞边长和圆形洞直径不大于 300 mm 时钢筋构造

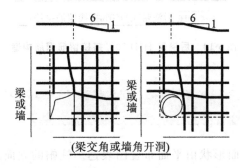

图 6-10　梁交角或墙角开洞时的钢筋结构

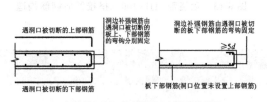

图 6-11　洞边被切断钢筋弯钩固定加强钢筋构造

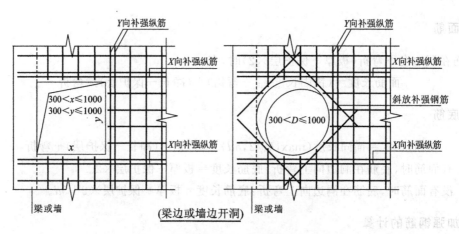

图 6-12　梁边或墙边开洞时的钢筋构造

四、后浇带钢筋的计算

后浇带留筋方式有三种,分别为贯通留筋、100％搭接留筋和 50％搭接留筋。后浇带混凝土的强度等级应高于所在板的混凝土强度等级且应用不收缩或微膨胀混凝土,设计时应注明相关施工要求。后绕带钢筋的计算如图 6-13 和图 6-14 所示。

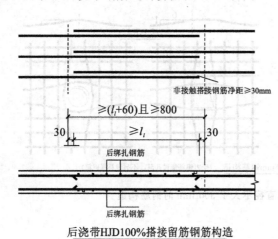

后浇带HJD100％搭接留筋钢筋构造

图 6-13　后浇带 HJD 100％搭接留筋钢筋构造

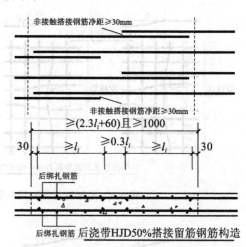

后浇带HJD50％搭接留筋钢筋构造

图 6-14　后浇带 HJD 50％搭接留筋钢筋构造

五、柱帽(ZMx)钢筋的计算

柱帽的平面形状有矩形、圆形和多边形等,其平面形状由平面布置图表达。柱帽的立面形状有单倾角柱帽 ZMa、托板柱帽 ZMb、变倾角柱帽 ZMc 和倾角托板柱帽 ZMab,如图 6-15 至图 6-22 所示。

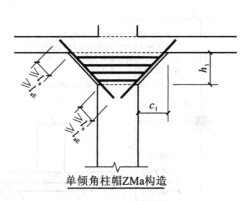

单倾角柱帽ZMa构造

图 6-15 单倾角柱帽 ZMa 构造

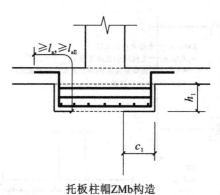

托板柱帽ZMb构造

图 6-16 托板柱帽 ZMa 构造

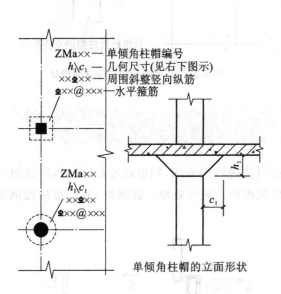

单倾角柱帽的立面形状

图 6-17 单倾角柱帽立面形状

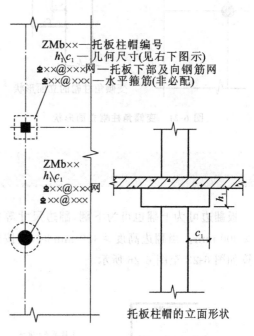

托板柱帽的立面形状

图 6-18 托板柱帽立面形状

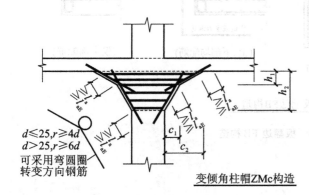

变倾角柱帽ZMc构造

图 6-19 变倾角柱帽 ZMc 构造

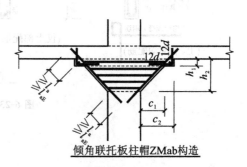

倾角联托板柱帽ZMab构造

图 6-20 倾角联托板柱帽 ZMab 构造

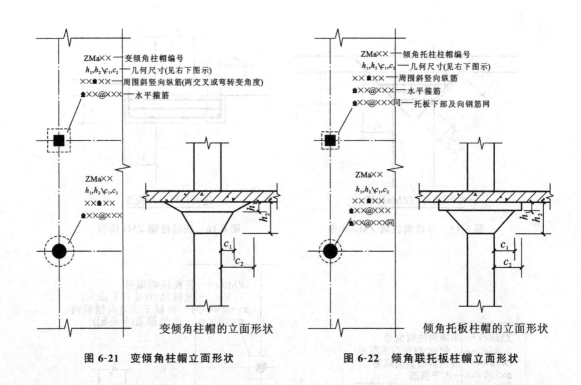

图 6-21 变倾角柱帽立面形状　　　　图 6-22 倾角联托板柱帽立面形状

六、板翻边 FB 与板挑檐钢筋计算

板翻边可为上翻也可为下翻,翻边尺寸等在引注内容中表达,翻边高度在标准构造详图中为≤300 mm。当翻边高度>300 mm 时,应按板挑檐构造进行处理。板翻边 FB 与板挑檐钢筋计算如图 6-23 至图 6-26 所示。

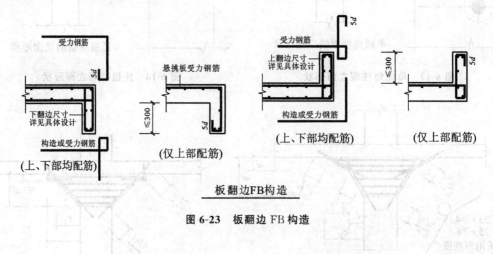

图 6-23 板翻边 FB 构造

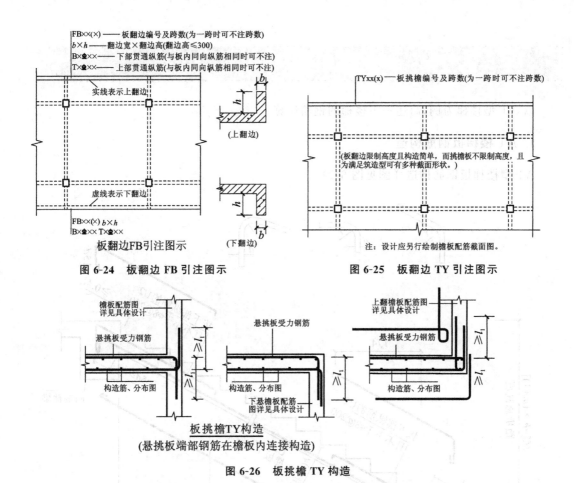

图 6-24 板翻边 FB 引注图示

图 6-25 板翻边 TY 引注图示

图 6-26 板挑檐 TY 构造

七、板加腋 JY 钢筋计算

板加腋的位置与范围由平面布置图表达,腋宽、腋高及配筋等由引注内容表达。当为板底加腋时腋线应为虚线,当为板面加腋时腋线应为实线;当腋宽与腋高同板厚时,设计不注。加腋配筋按标准构造(即加腋筋同板下部同向配筋)时,设计不注;当加腋配筋与标准构造不同时,设计应补充绘制截面配筋。板加腋 JY 钢筋计算如图 6-27 与图 6-28 所示。

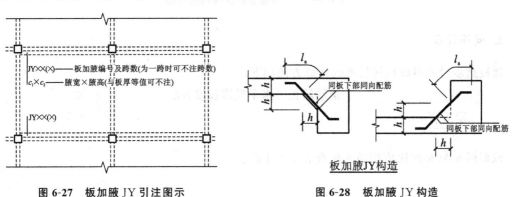

图 6-27 板加腋 JY 引注图示

图 6-28 板加腋 JY 构造

八、AT 型楼梯钢筋计算

以 AT 型楼梯为例,简述一下楼梯的钢筋计算。

1. AT 楼梯板钢筋构造

AT 型楼梯板钢筋构造详图见图 6-29。

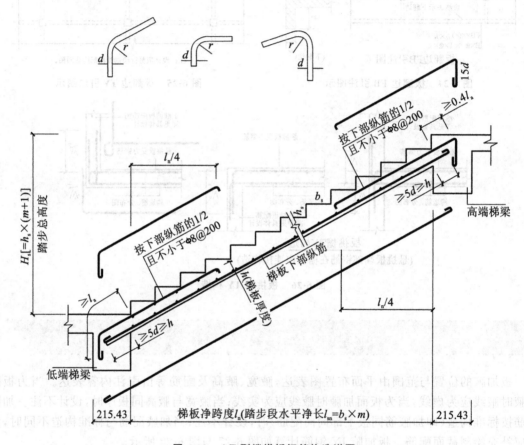

图 6-29　AT 型楼梯板钢筋构造详图

2. 钢筋计算

梯板踏步段内斜放钢筋长度的计算方法如下:
$$钢筋斜长=水平投影长度 \times k$$

其中,$k=\dfrac{\sqrt{b_s^2+h_s^2}}{b_s}$。

或根据 b_s 与 h_s 的比值用插入法查表 6-2 计算。

表6-2 b_s 与 h_s 关系

b_s/h_s	k
1.0	1.414
1.2	1.302
1.4	1.229
1.6	1.179
1.8	1.144
2.0	1.118

$$支座端上部纵筋长 = \frac{1}{4}l_n \times k + l_a + h - 保护层$$

$$下部纵筋长 = l_n \times k + 2 \times \max\{5d, h\}$$

注：当采用HPB235光面钢筋时，除梯板上部纵筋的跨内端头做90°直角弯钩外，所有末端应作180°的弯钩，弯后平直段长度不应小于 $3d$（即一个弯钩长为 $6.25d$）；当采用HRB335或HRB400带肋钢筋时，则不作弯钩。

$$分布筋 = (梯板宽 - 2倍保护层厚 + 12.5d) \times 根数$$

$$根数 = \left(\frac{l_n \times k}{间距} + 1\right) + 2 \times \left(\frac{l_n \times k}{4 \times 间距} + 1\right)$$

任务 3 板构件钢筋实例计算

【例6-1】 钢筋混凝土现浇板如图6-30和图6-31所示，计算10块板的钢筋工程量。

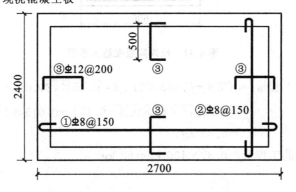

图6-30 钢筋混凝土平板配筋示意图

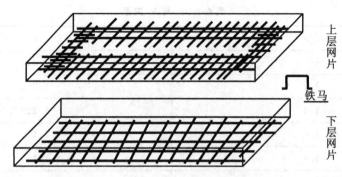

图 6-31 现浇混凝土板双层钢筋网片

(注:示意图忽略了弯钩)

【解】 ① $\phi8$ 钢筋工程量$=(2.7-0.015\times2)\times[(2.4-0.15\times2)\div0.15-1]\times0.395$ kg
$=2.67\times13\times0.395$ kg$=13.71$ kg

② $\phi8$ 钢筋工程量$=2.37\times19\times0.395$ kg$=17.79$ kg

③ $\phi12$ 钢筋工程量$=(0.5+0.1\times2)\times[(2.67+2.3)\times2\div0.2+4]\times0.888$ kg$=33.38$ kg

④ $\phi6.5$ 钢筋工程量$=(2.67\times6+2.37\times6)\times0.26$ kg$=7.86$ kg

合计,$\phi10$ 以内:钢筋工程量$=(13.71+17.79+7.86)\times10$ kg$=393.60$ kg

$\phi10$ 以上:钢筋工程量$=33.38\times10$ kg$=333.80$ kg

铁马钢筋按经验公式 1% 计算如下。

$\phi10$ 以内:铁马钢筋工程量$=(393.60+333.80)\times0.01$ kg$=7.27$ kg

【例 6-2】 如图 6-32 所示的地沟盖板,求 100 块预制地沟盖板钢筋工程量。

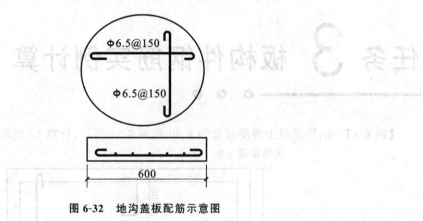

图 6-32 地沟盖板配筋示意图

【解】 $\phi6.5$ 钢筋工程量$=[(0.6-0.015\times2)+(\sqrt{0.15\times(2\times0.3)}-0.015\times2)\times2$
$+(\sqrt{0.15\times(2\times0.3-0.15)}-0.015\times2)\times2]\times2\times0.26$ kg
$=0.82$ kg。

合计:$\phi10$ 以内钢筋工程量$=0.82\times100$ kg$=82$ kg。

常用构件钢筋计算简表

任务 1 　框架柱钢筋计算简表

一、基础插筋的计算

基础插筋的计算见表 7-1。

表 7-1 基础插筋的计算

钢筋部位及其名称	计算公式	说明	附图
基础插筋（基础平板中）	当筏板基础≤2 000 mm时： 基础插筋长度＝基础高度－保护层＋基础弯折 a＋基础纵筋外露长度 $H_n/3$＋与上层纵筋搭接 l_{lE}（如采用焊接时，搭接长度为 0）	（1）16G101 中柱插筋构造一； （2）柱墙插筋锚固竖直长度与弯钩长度对照表	图 7-1
	当筏板基础＞2 000 mm时： 基础插筋长度＝基础高度/2－保护层＋基础弯折 a＋基础纵筋外露长度 $H_n/3$＋与上层纵筋搭接 l_{lE}（如采用焊接时，搭接长度为 0）	16G101 中柱插筋构造二	图 7-2
基础插筋（基础主梁中）	当基础梁底与基础板底一平时： 基础插筋长度＝基础高度－保护层＋基础弯折 a＋基础钢筋外露长度 $H_n/3$＋与上层纵筋搭接 l_{lE}（如采用焊接时，搭接长度为 0）	16G101 中柱插筋构造一	图 7-3
	当基础梁顶与基础板顶一平时： 基础插筋长度＝基础高度－保护层＋基础弯折 a＋基础钢筋外露长度 $H_n/3$＋与上层纵筋搭接 l_{lE}（如采用焊接时，搭接长度为 0）	16G101 中柱插筋构造一	图 7-4

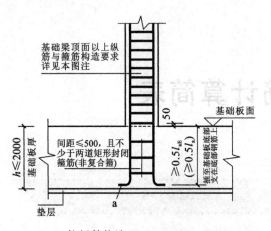

柱插筋构造(一) (基础板底部与顶部配置钢筋网)

图 7-1 柱插筋构造 1

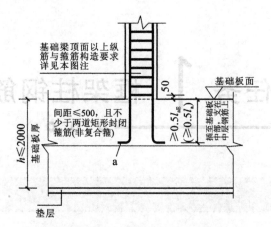

柱插筋构造(二) (基础板底部、顶部与中部配置钢筋网)

图 7-2 柱插筋构造 2

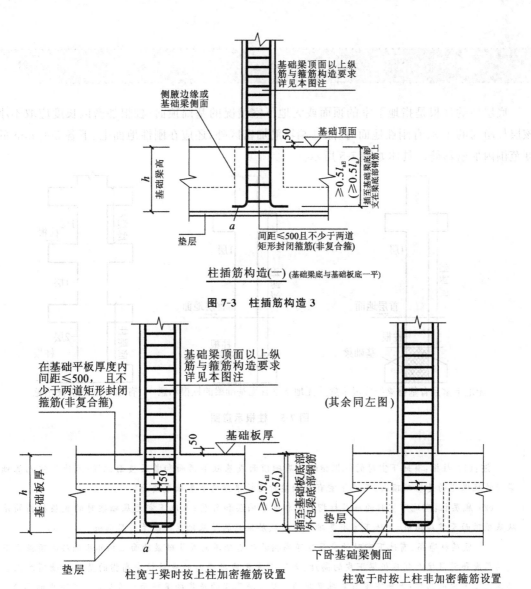

图 7-3　柱插筋构造 3

图 7-4　柱插筋构造 4

弯钩长度 a 的取值见表 7-2。

表 7-2　弯钩长度 a 的取值表

柱墙插筋锚固竖直长度与弯钩长度对照表	
竖直长度	弯钩长度 a
$\geqslant 0.5 l_{aE}（\geqslant 0.5 l_a）$	$12d$ 且$\geqslant 150$
$\geqslant 0.6 l_{aE}（\geqslant 0.6 l_a）$	$10d$ 且$\geqslant 150$
$\geqslant 0.7 l_{aE}（\geqslant 0.7 l_a）$	$8d$ 且$\geqslant 150$
$\geqslant 0.8 l_{aE}（\geqslant 0.8 l_a）$	$6d$ 且$\geqslant 150$

二、柱根的判断

底层柱的柱根是指地下室的顶面或无地下室情况的基础顶面;柱根加密区长度应取不小于该层柱净高的 1/3;有刚性地面时,除柱端箍筋加密区外,还应在刚性地面上、下各 500 mm 的高度范围内加密箍筋。具体如图 7-5 所示。

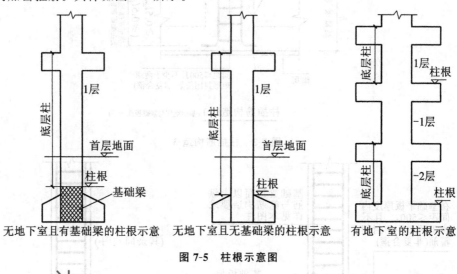

无地下室且有基础梁的柱根示意　　无地下室且无基础梁的柱根示意　　有地下室的柱根示意

图 7-5　柱根示意图

注:(1) 柱根:有地下室时的柱根指的是基础顶面或基础梁顶面和首层楼面位置;无地下室无基础梁时的柱根指的是基础顶面;无地下室有基础梁时的柱根指的是基础梁顶面。

(2) 底层柱:有地下室时的底层柱指的是相邻基础层和首层;无地下室无基础梁时的底层柱指的是从基础顶面至首层顶板,无地下室有基础梁时的底层柱指的是基础梁顶面至首层顶板。

(3) 底层柱净高:有地下室时的底层柱净高指的是基础顶面或基础梁顶面至相邻基础层的顶板梁下皮的高度和首层楼面到顶板梁下皮的高度;无地下室无基础梁时的底层柱净高指的是从基础顶面至首层顶板梁下皮的高度;无地下室有基础梁时的底层柱净高指的是基础梁顶面至首层顶板梁下皮的高度。

三、地下室纵筋计算

地下室纵筋计算见表 7-3。

表 7-3　地下室纵筋长度计算

钢筋部位及其名称	计算公式	说　明	附图
地下室柱纵筋长度	长度＝地下室层高－本层净高 $H_n/3$＋首层楼层净高 $H_n/3$＋与首层纵筋搭接 l_{lE}(如采用焊接时,搭接长度为0)	注:当纵筋采用绑扎连接且某个楼层连接区的高度小于纵筋分两批搭接所需的高度时,应改用机械连接或焊接方式	图 7-5

四、首层纵筋计算

首层纵筋计算见表7-4。

表7-4　首层纵筋计算

钢筋部位及其名称	计 算 公 式	说　　明	附图
首层柱纵筋长度	长度＝首层层高－首层净高 $H_n/3$＋max{二层楼层净高 $H_n/6$，500，柱截面长边尺寸(圆柱直径)}＋与二层纵筋搭接 l_{lE}(如采用焊接时,搭接长度为0)	注:当纵筋采用绑扎连接且某个楼层连接区的高度小于纵筋分两批搭接所需要的高度时,应改用机械连接或焊接方式	图7-6

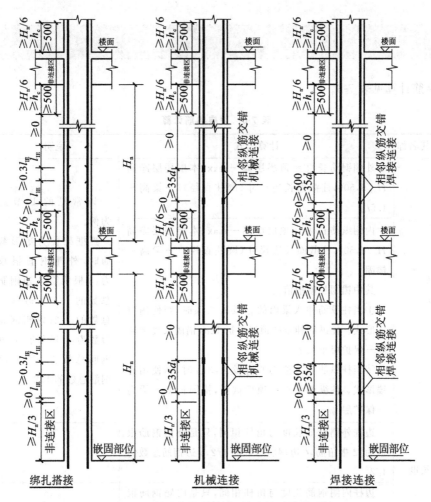

图7-6　纵筋的绑扎搭接、机械连接和焊接连接

五、中间层纵筋计算

中间层纵筋计算见表 7-5。

表 7-5　中间层纵筋计算

钢筋部位及其名称	计算公式	说明	附图
中间层柱纵筋长度	长度＝二层层高－max{二层 $H_n/6$，500，柱截面长边尺寸(圆柱直径)}＋max{三层楼层净高 $H_n/6$，500，柱截面长边尺寸(圆柱直径)}＋与三层纵筋搭接 l_{lE}(如采用焊接时，搭接长度为0)	注:(1)当纵筋采用绑扎连接且某个楼层连接区的高度小于纵筋分两批搭接所需要的高度时，应改用机械连接或焊接； (2)变截面柱钢筋连续通过	图 7-6

六、顶层纵筋计算

顶层纵筋计算见表 7-6。

表 7-6　顶层纵筋计算

钢筋部位及其名称	计算公式	说明	附图
角柱纵筋长度	外侧钢筋长度＝顶层层高－max{本层楼层净高 $H_n/6$，500，柱截面长边尺寸(圆柱直径)}－梁高＋$1.5l_{aE}$ 内侧纵筋长度＝顶层层高－max{本层楼层净高 $H_n/6$，500，柱截面长边尺寸(圆柱直径)}－梁高＋锚固 其中锚固长度取值为： ①当柱纵筋伸入梁内的直段长＜l_{aE} 时，则使用弯锚形式。柱纵筋伸至柱顶后弯折 12d，锚固长度＝梁高－保护层＋12d； ②当柱纵筋伸入梁内的直段长≥l_{aE} 时，则使用直锚形式。柱纵筋伸至柱顶后截断，锚固长度＝梁高－保护层	以常见的 B 节点为例。 当框架柱为矩形截面时，外侧钢筋根数为：3 根角筋，b 边钢筋总数的 1/2，h 边钢筋总数的 1/2；内侧钢筋根数为：1 根角筋，b 边钢筋总数的 1/2，h 边钢筋总数的 1/2	图 7-7
边柱纵筋长度	边柱外侧钢筋长度与角柱相同，只是外侧钢筋根数为：2 根角筋，b 边钢筋总数的 1/2，h 边钢筋总数的 1/2 边柱内侧钢筋长度与角柱相同，只是内侧钢筋根数为：2 根角筋，b 边钢筋总数的 1/2，h 边钢筋总数的 1/2		

续表

钢筋部位及其名称	计算公式	说明	附图
中柱纵筋长度	中柱纵筋长度＝顶层层高－max{本层楼层净高 $H_n/6,500$,柱截面长边尺寸(圆柱直径)}－梁高＋锚固 其中,锚固长度取值为： ①当柱纵筋伸入梁内的直段长$<l_{aE}$时,则使用弯锚形式:柱纵筋伸至柱顶后弯折 $12d$,锚固长度＝梁高－保护层＋$12d$； ②当柱纵筋伸入梁内的直段长$\geq l_{aE}$时,则使用直锚形式:柱纵筋伸至柱顶后截断,锚固长度＝梁高－保护层		图 7-8

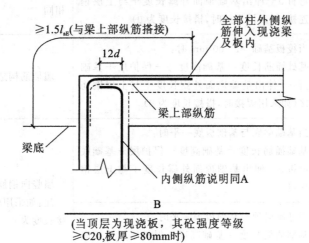

图 7-7　角柱及边柱纵筋

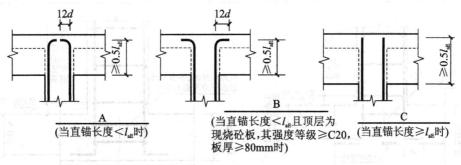

图 7-8　中柱纵筋

任务 2 剪力墙钢筋计算简表

一、墙身竖向筋计算

墙身竖向筋计算见表7-7。

表 7-7　墙身竖向筋计算

钢筋部位及其名称	计 算 公 式	说 明	附图
基础插筋（基础平板中）	当筏板基础≤2 000 mm 时： 基础插筋长度＝基础高度－保护层＋基础底部弯折 a＋伸出基础顶面外露长度＋与上层钢筋连接（如采用焊接时，搭接长度为0）	墙插筋构造一 弯折长度 a 与框架注相同	图 7-9
	当筏板基础＞2 000 mm 时： 基础插筋长度＝基础高度/2－保护层＋基础弯折 a＋伸出基础顶面外露长度＋与上层钢筋连接（如采用焊接时，搭接长度为0）	墙插筋构造二	图 7-10
基础插筋（基础主梁中）	当基础梁底与基础板底一平时： 基础插筋长度＝基础高度－保护层＋基础底部弯折 a＋伸出基础顶面外露长度＋与上层钢筋连接	墙竖向钢筋插筋构造注：如采用焊接时，搭接长度为0	图 7-11
	当基础梁顶与基础板顶一平时： 基础插筋长度＝基础高度－保护层＋基础底部弯折 a＋伸出基础顶面外露长度＋与上层钢筋连接		图 7-12

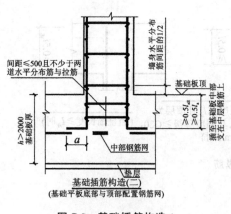

图 7-9　基础插筋构造 1

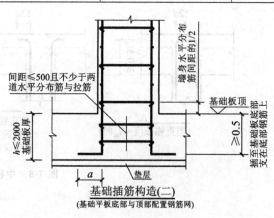

图 7-10　基础插筋构造 2

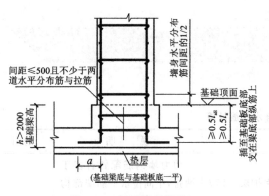

图 7-11　基础插筋构造 3

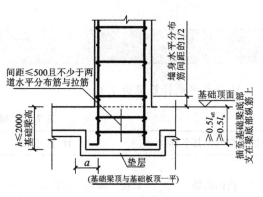

图 7-12　基础插筋构造 4

中间层竖向钢筋计算见表 7-8。

表 7-8　中间层竖向钢筋计算

钢筋部位及其名称	计算公式	说明	附图
中间层竖向钢筋	长度＝层高－露出本层的高度＋伸出本层楼面外露长度＋与上层钢筋连接	注：如采用焊接时，搭接长度为 0	图 7-13 图 7-14

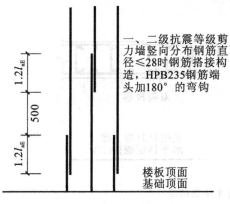

图 7-13　中间层竖向钢筋构造 1

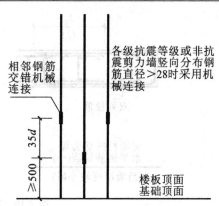

图 7-14　中间层竖向钢筋构造 2

顶层竖向钢筋计算见表 7-9。

表 7-9　顶层竖向钢筋计算

钢筋部位及其名称	计算公式	说明	附图
顶层竖向钢筋	长度＝层高－露出本层的高度－板厚＋锚固 $l_{aE}(l_a)$		图 7-15

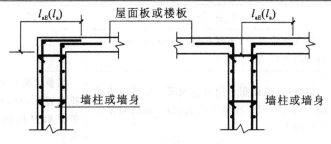

图 7-15　顶层竖向钢筋构造

二、墙身水平筋计算

墙身水平筋计算见表 7-10。

表 7-10 墙身水平筋计算

钢筋部位及其名称	计 算 公 式	说 明	附图
内侧钢筋	长度＝墙长－保护层＋15d－保护层＋15d	剪力墙钢筋配置若多于两排,中间排水平筋端部构造同内侧钢筋	
外侧钢筋	外侧钢筋连续通过,则水平筋伸至墙对边,长度＝墙长－2×保护层		图 7-16
根数	基础层:在基础部位布置间距小于等于500 mm且不小于两道水平分布筋与拉筋		
	楼层:(层高－水平分布筋间距)/间距＋1		

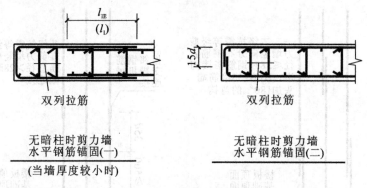

双列拉筋　　　　　　　　　双列拉筋

无暗柱时剪力墙　　　　　无暗柱时剪力墙
水平钢筋锚固(一)　　　　水平钢筋锚固(二)

(当墙厚度较小时)

图 7-16 墙身水平筋构造

三、墙身拉筋计算

墙身拉筋计算见表 7-11。

表 7-11 墙身拉筋计算

钢筋部位及其名称	计 算 公 式	说 明	附图
拉筋	长度＝墙厚－2×保护层＋max(75＋1.9d,11.9d)×2＋2d		图 7-17
	根数＝(墙面积－门洞总面积－暗柱所占面积－暗梁面积－连梁所占面积)/(横向间距×纵向间距)	当剪力墙竖向钢筋为多排布置时,拉筋的个数与剪力墙竖向钢筋的排数无关	图 7-18 图 7-19

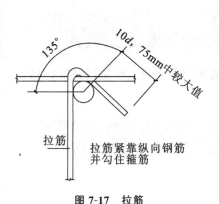

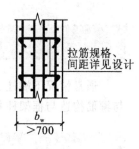

图 7-17 拉筋   图 7-18 剪力墙三排配筋构造   图 7-19 剪力墙四排配筋构造

四、暗柱钢筋计算

剪力墙墙柱包括约束边缘暗柱 YAZ、约束边缘端柱 YDZ、约束边缘翼墙柱 YYZ、约束边缘转角柱 YJZ、构造边缘暗柱 GAZ、构造边缘端柱 GDZ、构造边缘翼墙柱 GYZ、构造边缘转角柱 GJZ、非边缘暗柱 AZ 和扶壁柱 FBZ 共十类。在计算钢筋工程量时，只需要考虑为端柱和暗柱即可。

由于剪力墙可视为由剪力墙柱、剪力墙身和剪力墙梁三类构件构成，因此暗柱纵向钢筋构造同墙身竖向筋。暗柱钢筋计算见表 7-12。

表 7-12 暗柱钢筋的计算

钢筋部位及其名称	计 算 公 式	说 明	附 图
暗柱钢筋	基础插筋长度同剪力墙身		图 7-20
	中间层钢筋如图 7-13 和图 7-14		
	顶层构造：同剪力墙竖向钢筋顶层构造		
	所有暗柱纵向钢筋搭接范围内的箍筋间距要求同，即：当柱纵筋采用搭接连接时，应在柱纵筋搭接长度范围内均按≤5d(d 为搭接钢筋较小直径)及≤100 mm 的间距加密箍筋		

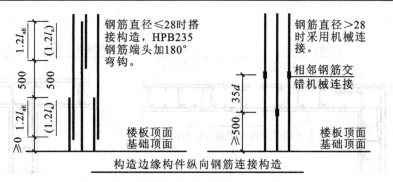

图 7-20 构造边缘构件纵向钢筋连接构造

五、端柱钢筋计算

通常情况下端柱、小墙肢(截面高度不大于截面厚度 3 倍的矩形截面独立墙肢)的竖向钢筋与箍筋构造与框架柱相同。

六、剪力墙端为暗柱钢筋计算

剪力墙端为暗柱钢筋计算见表 7-13。

表 7-13 剪力墙端为暗柱钢筋计算

钢筋部位及其名称	计算公式	说明	附图
墙端为暗柱水平筋	L 形: 外侧钢筋长度＝墙长－保护层 内侧钢筋长度＝墙长－保护层＋$15 \times d \times 2$	当外侧钢筋有连续通过节点和搭接通过两种节点构造要求时,水平筋通常布置在暗柱纵筋的外侧	图 7-21
	T 形:伸至墙对边－保护层＋$15 \times d$		图 7-22
	一字形:长度＝墙长－保护层$\times 2 + 15 \times d \times 2$		图 7-23
	斜交: 外侧:墙净长＋锚固 $l_{aE}(l_a)$ 内侧:钢筋连续通过连续通过		图 7-24
	水平筋根数: 基础层:在基础部位布置间距小于等于 500 mm 且不小于两道水平分布筋与拉筋 楼层:(层高－水平分布筋间距)/间距＋1		
竖向筋根数计算	根数＝墙身净长－1 个竖向间距(或 $2 \times$ 50)/竖向筋间距＋1		

图 7-21 L 形墙   图 7-22 T 形墙

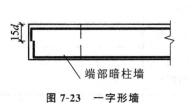

图 7-23　一字形墙

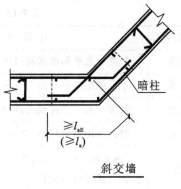

斜交墙

图 7-24　斜交墙

七、剪力墙端为端柱钢筋计算

剪力墙端为端柱钢筋计算见表 7-14。

表 7-14　剪力墙端为端柱钢筋计算

钢筋部位及其名称	计 算 公 式	说 明	附图
水平筋长度	外侧钢筋连续通过，伸至墙对边，长度＝墙长－保护层 内侧钢筋锚入端柱内，长度＝墙净长＋锚固	锚固取值： 当柱宽－保护层≥l_{aE}时，锚固＝l_{aE}； 当柱宽－保护层＜l_{aE}时，锚固＝柱宽－保护层＋15×d	图 7-25
竖向筋根数	根数＝墙身净长－1 个竖向间距（或 2×50）/竖向筋间距＋1		

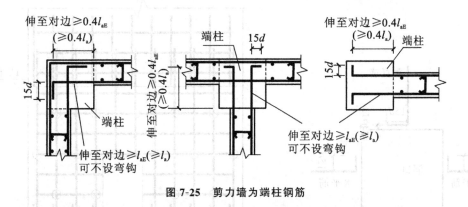

图 7-25　剪力墙为端柱钢筋

八、剪力墙开洞钢筋计算

剪力墙开洞钢筋计算见表 7-15。

表 7-15　剪力墙开洞钢筋计算

钢筋部位及其名称	计 算 公 式	说　明	附图
水平筋长度	长度＝水平筋伸到洞口边－保护层＋15d		
水平筋根数	水平筋距离洞口边 50 mm 或二分之一个间距		
竖向筋长度	长度＝水平筋伸到洞口边－保护层＋15d		
竖向筋根数	竖向筋距离洞口边 50 mm 或二分之一个间距		
拉筋根数	(墙面积－门洞总面积－暗柱所占面积－暗梁面积－连梁所占面积)/(横向间距×纵向间距)		
洞口加强构造	当矩形洞宽和洞高均不大于 800 mm 时,洞口补强纵筋构造;当设计注写补强纵筋时,按注写值补强;当设计未注写时,按每边配置两根直径不小于 12 mm 且不小于同向被切割纵向钢筋总面积的 50% 补强,补强钢筋种类与被切割钢筋相同。	注:括号内标注用于非抗震	图 7-26 至图 7-31
	当矩形洞宽和洞高均大于 800 mm 时,洞口补强纵筋构造		
	圆形洞口直径不大于 300 mm 时,补强纵筋构造		
	圆形洞口直径大于 300 mm 时,补强纵筋构造		

　　注:剪力墙开洞除了洞口加强纵筋构造外,还有连梁斜向交叉暗撑构造和连梁斜向交叉钢筋构造两种情况。连梁斜向交叉暗撑构造及斜向交叉构造钢筋的纵筋锚固长度为:l_{aE} 或 l_a,斜向交叉暗撑的箍筋加密要求适用于抗震设计。

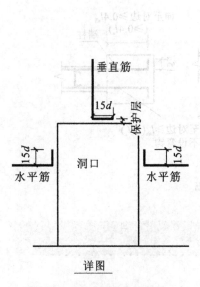

图 7-26　洞口加强纵筋构造 1

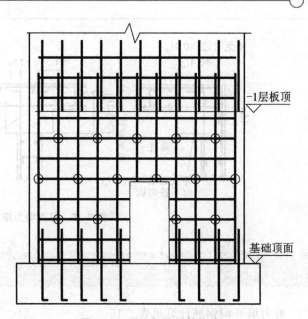

图 7-27　洞口加强纵筋构造 2

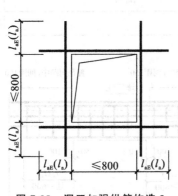

图7-28 洞口加强纵筋构造3

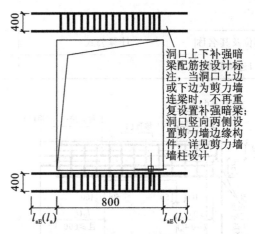

洞口上下补强暗梁配筋按设计标注,当洞口上边或下边为剪力墙连梁时,不再重复设置补强暗梁;洞口竖向两侧设置剪力墙边缘构件,详见剪力墙墙柱设计

图7-29 洞口加强纵筋构造4

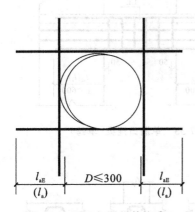

图7-30 洞口加强纵筋构造5

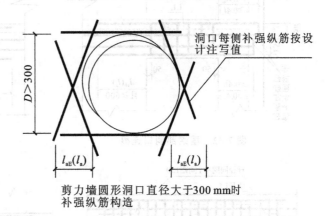

洞口每侧补强纵筋按设计注写值

剪力墙圆形洞口直径大于300 mm时补强纵筋构造

图7-31 洞口加强纵筋构造6

九、连梁钢筋计算

剪力墙墙梁分为:连梁、暗梁和边框梁。连梁钢筋计算见表7-16。

表 7-16 连梁钢筋计算

钢筋部位及其名称	计 算 公 式	说　　明	附图
中间层连梁钢筋	纵向钢筋长度＝洞口宽度＋$2\times\max\{$锚固$,600\}$	锚固取值: 当柱宽(或墙宽)－保护层$\geqslant l_{aE}$时,锚固＝l_{aE}; 当柱宽(或墙宽)－保护层$<l_{aE}$时,锚固＝柱宽－保护层＋$15\times d$; 注:当连梁端部支座为小墙肢时,连梁纵向钢筋锚固与框架梁纵筋锚固相同	图7-32 至 图7-34
	箍筋根数＝(洞口宽度－100)/间距＋1		
顶层连梁钢筋	箍筋根数＝(洞口宽度－100)/间距＋1＋(左锚固－100)/150＋1＋(右锚固－100)/间距＋1		

钢筋部位及其名称	计算公式	说明	附图
双洞口连梁钢筋			图 7-35

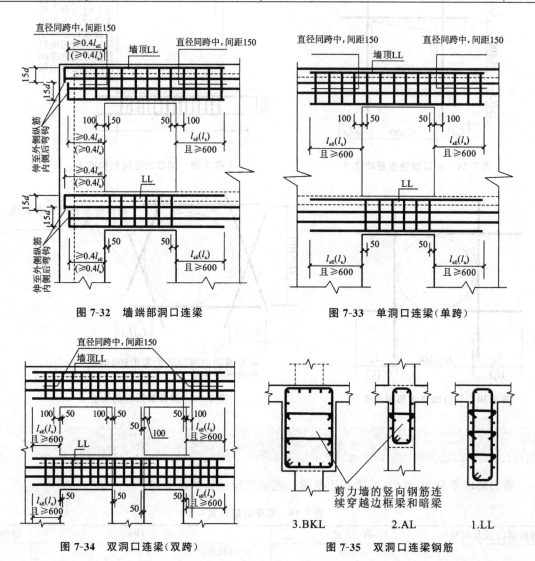

图 7-32　墙端部洞口连梁

图 7-33　单洞口连梁(单跨)

图 7-34　双洞口连梁(双跨)

图 7-35　双洞口连梁钢筋

十、暗梁钢筋计算

暗梁钢筋计算见表 7-17。

表 7-17　暗梁钢筋计算

钢筋部位及其名称	计算公式	说明	附图
暗梁钢筋计算	当暗梁与端柱相连接时： 纵筋长度＝暗梁净长（从柱边开始算）＋左锚固＋右锚固	锚固取值： 当柱宽（或墙宽）－保护层≥l_{aE}时,锚固＝l_{aE}； 当柱宽（或墙宽）－保护层＜l_{aE}时,锚固＝柱宽－保护层＋$15\times d$	图 7-36
	当暗梁与暗柱相连接时： 纵筋长度＝暗梁净长（从柱边开始算）＋$2\times l_{aE}$（或 l_a）		
	箍筋根数＝暗梁净长/箍筋间距＋1		

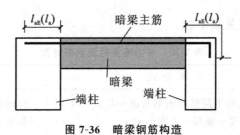

图 7-36　暗梁钢筋构造

墙梁侧面纵筋和拉筋计算见表 7-18。

表 7-18　墙梁侧面纵筋和拉筋计算

钢筋部位及其名称	计算公式	说明	附图
墙梁侧面纵筋和拉筋	当设计未注写时,侧面构造纵筋同剪力墙水平分布筋	当连梁截面高度＞700 mm 时,侧面纵向构造钢筋直径应≥10 mm,间距应≤200 mm;当跨高比≤2.5 mm 时,侧面构造纵筋的面积配筋率应≥0.3%	图 7-35
	拉筋直径：当梁宽≤350 mm 时为 6 mm,梁宽＞350 mm 时为 8 mm,拉筋间距为两倍箍筋间距,竖向沿侧面水平筋隔一拉一		

墙梁对墙身钢筋的影响见表 7-19。

表 7-19　墙梁对墙身钢筋的影响

钢筋部位及其名称	计 算 公 式	说 明	附图
墙梁对墙身钢筋的影响	竖向钢筋长度:剪力墙的竖向钢筋连续穿越边框梁和暗梁,因此暗梁和连梁不影响剪力墙的竖向钢筋计算		
	水平钢筋根数:剪力墙水平钢筋连续穿过暗梁和连梁		
	拉筋根数=(墙面积-门洞总面积-暗柱所占面积-暗梁面积-连梁所占面积)/(横向间距×纵向间距)		

十一、剪力墙变截面钢筋计算

剪力墙变截面钢筋计算见表 7-20。

表 7-20　剪力墙变截面钢筋计算

钢筋部位及其名称	计 算 公 式	说 明	附图
竖向筋计算	墙身变截面下层竖向钢筋长度=层高-下层钢筋露出长度-板厚+锚固 $l_{aE}(l_a)$	竖向钢筋构造见 16G101—1 图集第 48 页	
	墙身变截面插筋长度=$1.5l_{aE}$+本层露出长度+与上层钢筋进行搭接(如采用焊接时,搭接长度为 0)		图 7-37
	竖向筋根数=墙身净长-1 个竖向间距(或 2×50)/竖向布置间距+1		

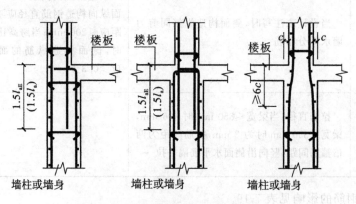

剪力墙变截面处竖向分布钢筋构造

图 7-37　剪力墙变截面处竖向分布钢筋构造

任务 3 梁钢筋计算简表

一、框架梁上部钢筋计算

框架梁上部钢筋计算见表 7-21。

表 7-21　框架梁上部钢筋计算

钢筋部位及其名称	计算公式	说明	附图
上部通长筋	长度＝各跨长之和 L 净长－左支座内侧 a_2 －右支座内侧 a_3 ＋左锚固＋右锚固	抗震楼层框架梁 KL 纵向钢筋构造 梁上部纵向钢筋在框架梁中间层端节点内的锚固 注：如果存在搭接情况，还需要把搭接长度加进去	图 7-38

左、右支座锚固长度的取值判断如下。

（1）当 h_c －保护层（直锚长度）$>l_{aE}$ 时，取 $\max(l_{aE}, 0.5h_c + 5d)$。

（2）当 h_c －保护层（直锚长度）$\leqslant l_{aE}$ 时，必须弯锚，这时可采用以下几种计算方法。

① 方法 1：h_c －保护层＋15d。

② 方法 2：取 $0.4l_{aE} + 15d$。

③ 方法 3：取 $\max(l_{aE}, h_c -$ 保护层 $+15d)$。

④ 方法 4：取 $\max(l_{aE}, 0.4l_{aE} + 15d)$。

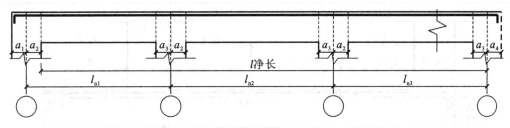

图 7-38　上部通长筋构造

根据《混凝土结构设计规范》(GB 50010—2010)第 186～189 页、第 306～307 页中第 10.4.1 条中不难得出，当梁上部纵向钢筋弯锚时，梁上部纵向筋在框架梁中间层端节点内的锚固为 "h_c －保护层＋15d" 较为合理。

注：第 10.4.1 条　框架梁上部纵向钢筋伸入中间层端节点的锚固长度，当采用直线锚固形式时，不应小于 l_a，且伸过柱中心线不宜小于 $5d$，d 为梁上部纵向钢筋的直径。当柱截面尺寸不足时，梁上部纵向钢筋应伸至节点对边并向下弯折，其包含弯弧段在内的水平投影长度不应小于 $0.4l_a$，包含弯弧段在内的竖直投影长度应取为 $15d$ (见图 7-39)，l_a 为本规范第 9.3.1 条规定的受拉钢筋锚固长度。

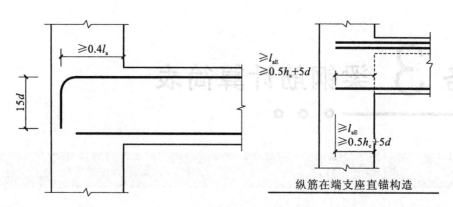

图 7-39 纵筋在端支座直锚构造

端支座负筋、中间支座负筋和架立筋计算见表 7-22。

表 7-22 端支座负筋、中间支座负筋和架立筋计算

钢筋部位及其名称	计 算 公 式	说 明	附图
端支座负筋	第一排钢筋长度＝本跨净跨长/3＋锚固	抗震楼层框架梁 KL 纵向钢筋构造注:①锚固同梁上部贯通筋端锚固;②当梁的支座负筋有三排时,第三排钢筋的长度计算同第二排	图 7-40
	第二排钢筋长度＝本跨净跨长/4＋锚固		
中间支座负筋	第一排钢筋长度＝$2\times l_n/3$＋支座宽度第二排钢筋长度＝$2\times l_n/4$＋支座宽度	抗震楼层框架梁 KL 纵向钢筋构造注:l_n 为相邻梁跨大跨的净跨长	
架立筋	长度＝本跨净跨长－左侧负筋伸入长度－右侧负筋伸入长度＋2×搭接	注:当梁上部既有贯通筋又有架立筋时,搭接长度为 150 mm	

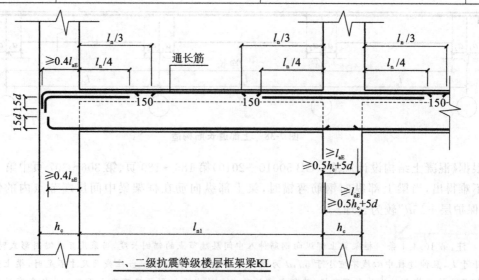

图 7-40 一、二级抗震等级楼层框架梁 KL

注:当梁的上部既有通长筋又有架立筋时,其中架立筋的搭接长度为 150 mm。

二、框架梁下部钢筋计算

框架梁下部钢筋计算见表7-23。

表 7-23　框架梁下部钢筋计算

钢筋部位及其名称	计 算 公 式	说　　明	附图
下部通长筋	长度＝各跨长之和－左支座内侧a_2－右支座内侧a_3＋左锚固＋右锚固	注：①端支座锚固长度取值同框架梁上部钢筋取值；②如果存在搭接情况，还需要把搭接长度加进去	图 7-40
下部非通长钢筋	长度＝净跨长度＋左锚固＋右锚固	抗震楼层框架梁 KL 纵向钢筋构造　注：端部取值同框架梁上部钢筋取值；中间支座锚固长度为：$\max\{l_{aE},0.5h_c+5d\}$	
下部不伸入支座筋	净跨长度－$2\times0.1l_n$（l_n 为本跨净跨长度）	不伸入支座的梁下部纵向钢筋断点位置	图 7-41

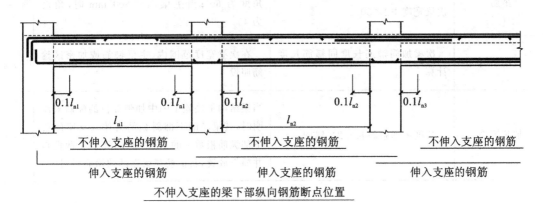

图 7-41　不伸入支座的梁下部纵向钢筋断点位置

三、梁附加钢筋

梁附加钢筋见表7-24。

表 7-24 梁附加钢筋计算

钢筋部位及其名称	计 算 公 式	说 明	附图
侧面纵向构造钢筋	当 $h_w \geqslant 450$ mm 时,需要在梁的两个侧面沿高度配置纵向构造钢筋,间距 $a \leqslant 200$; 长度＝净跨长度＋$2 \times 15d$	梁侧面纵向构造筋和拉筋,分为一级抗震和二至四级抗震等级。 注: ① h_w 指梁的腹板高度; ② 梁侧面构造纵筋和受扭纵筋的搭接与锚固长度取值可参见(11G101-1 中第 24 页)第 4.2.3 条第五款的注 1 与注 2,即:梁侧面构造钢筋其搭接与锚固长度可取为 $15d$,梁侧面受扭纵向钢筋其搭接长度为 l_l 或 l_{lE},其锚固长度与方式同框架梁下部纵筋。	图 7-42
侧面纵向抗扭钢筋	长度＝净跨长度＋$2 \times$锚固长度		
拉筋	长度＝梁宽－$2 \times$保护层＋$2 \times 11.9d + 2 \times d$	当梁宽$\leqslant 350$ mm 时,拉筋直径为 6 mm,梁宽> 350 mm 时,拉筋直径为 8 mm	
	根数计算	拉筋间距为非加密区箍筋间距的两倍,当设有多排拉筋时,上下两排竖向错开设置	
吊筋	长度＝$2 \times 20d + 2 \times$斜段长度＋次梁宽度＋2×50	注:斜段长度取值,当主梁高> 800 mm 时,角度为 $60°$;当主梁高$\leqslant 800$ mm 时,角度为 $45°$	图 7-43
次梁加筋	次梁加筋箍筋长度同箍筋长度计算	在次梁宽度范围内,主梁箍筋或加密区箍筋照设	图 7-44
加腋钢筋	长度＝加腋斜长＋$2 \times$锚固	当梁结构平法施工图中加腋部位的配筋未注明时,其梁腋的下部斜纵筋为伸入支座的梁下部纵筋根数 n 的 $n-1$ 根(且不少于两根),并插空放置,其箍筋与梁端部的箍筋相同	图 7-45

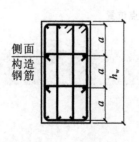

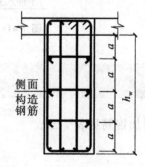

图 7-42 侧面构造钢筋

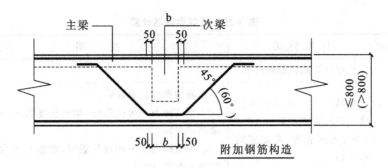

图7-43 附加钢筋构造1

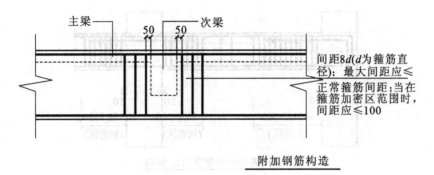

间距8d(d为箍筋直径);最大间距应≤

正常箍筋间距;当在箍筋加密区范围时,间距应≤100

附加钢筋构造

图7-44 附加箍筋构造

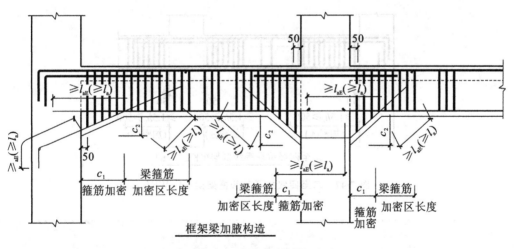

框架梁加腋构造

图7-45 框架梁加腋构造

四、框架梁箍筋计算

框架梁箍筋计算见表7-25。

表 7-25　框架梁箍筋计算

钢筋部位及其名称	计 算 公 式	说　　明	附图
箍筋计算	长度计算同柱箍筋计算 根数＝2×[(加密区长度−50)/加密间距＋1]＋(非加密区长度/非加密间距−1)	箍筋加密区长度取值： ①当结构为一级抗震时,加密长度为 max(2×梁高,500) ②当结构为二～四级抗震时,加密长度为 max(1.5×梁高,500)	图 7-46 和图 7-47

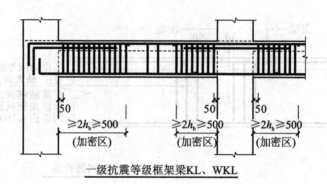

图 7-46　一级抗震等级框架梁 KL、WKL

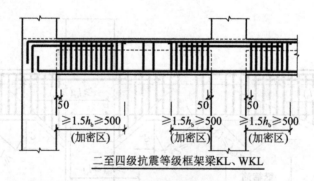

图 7-47　二至四级抗震等级框架梁 KL、WKL

五、其他梁钢筋计算

其他梁钢筋计算见表 7-26。

表 7-26　其他梁钢筋计算

钢筋部位及其名称	计 算 公 式	说　　明	附图
屋面框架梁	端支座锚固长度＝h_c−保护层＋梁高−保护层	抗震屋面框架梁 WKL 纵向钢筋构造(一)	图 7-48

续表

钢筋部位及其名称	计 算 公 式	说　　明	附图
非框架梁	端支座锚固长度:上部钢筋端支座锚固同框架梁	主要介绍非框架梁与框架梁配筋不同的地方	图 7-49
	端支座负筋延伸长度＝净跨长/5＋锚固		
	下部钢筋长度＝净跨长＋12d	注:梁下部肋形钢筋锚固长为 12d,当为光面钢筋时为 15d,l_a 用于弧形梁	

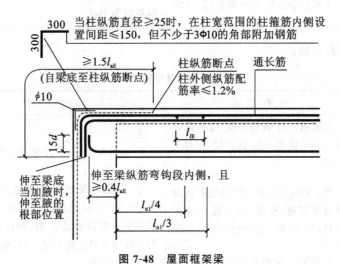

图 7-48　屋面框架梁

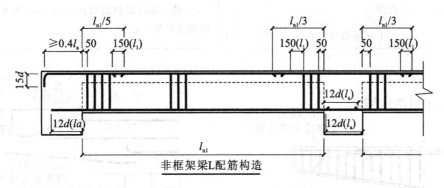

非框架梁L配筋构造

图 4-49　非框架梁 L 配筋构造

独立悬臂梁计算见表 7-27。

表 7-27　独立悬臂梁计算

钢筋部位及其名称	计 算 公 式	说　明	附图
独立悬臂梁	上部第一排钢筋长度＝$l_{n1}/3$＋支座宽＋l－保护层＋max{梁高－2×保护层,12d}		图 7-50
	上部第二排钢筋长度:$l_{n1}/4$＋支座宽＋0.75l		
	下部钢筋长度＝l－保护层＋12d	梁下部肋形钢筋锚固长为12d,当为光面钢筋时为15d	

悬臂梁计算见表 7-28。

表 7-28　悬臂梁计算

钢筋部位及其名称	计 算 公 式	说　明	附图
悬臂梁	上部第一排钢筋长度＝l－保护层＋max{梁高－2×保护层,12d}＋锚固	注: ① 通常为角筋,并且根数不少于第一排纵筋的二分之一; ② 当悬挑梁的纵向钢筋直锚长度≥l_a且≥$0.5h_c+5d$ 时,可以不必往下锚;当直锚伸至对边仍不足 l_a 时,则应按图示弯锚;当直锚伸至对边仍不足 $0.4l_a$ 时,则应采用较小直径的钢筋; ③ 梁下部肋形钢筋锚固长为12d,当为光面钢筋时为15d	图 7-51
	当 $l≥4h_b$ 时,第一排钢筋需要设置为弯起筋,长度＝l－保护层＋0.414×(梁高－2×保护层)＋锚固		
	上部第二排钢筋长度＝0.75l＋锚固		
	下部钢筋长度＝l－保护层＋12d		

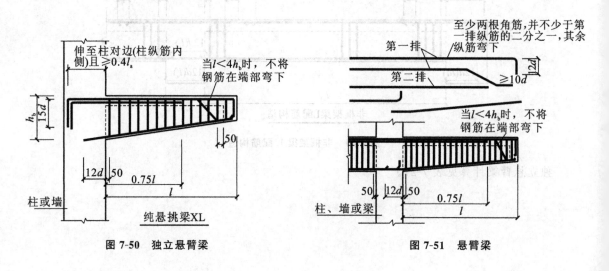

图 7-50　独立悬臂梁　　　　　图 7-51　悬臂梁

参考文献

[1] 中国建筑标准设计研究院.16G 101—1混凝土结构施工图平面整体表示方法制图规则和构造详图(现浇混凝土框架、剪力墙、梁、板)[S].北京:中国计划出版社,2016.

[2] 中国建筑标准设计研究院.16G 101—2混凝土结构施工图平面整体表示方法制图规则和构造详图(现浇混凝土板式楼梯)[S].北京:中国计划出版社,2016.

[3] 中国建筑标准设计研究院.16G 101—3混凝土结构施工图平面整体表示方法制图规则和构造详图(独立基础、条形基础、筏板基础及桩基承台)[S].北京:中国计划出版社,2016.

[4] 中华人民共和国住房和城乡建设部,中华人民共和国国家质量监督检验检疫总局.GB 50010—2010混凝土结构设计规范[S].北京:中国建筑工业出版社,2010.

[5] 中华人民共和国住房和城乡建设部,中华人民共和国国家质量监督检验检疫总局.GB 50011—2010建筑抗震设计规范[S].北京:中国建筑工业出版社,2010.

[6] 上官子昌.11G 101图集应用——平法钢筋图识读[M].北京:中国建筑工业出版社,2012.

[7] 赵治超.11G 101平法识图与钢筋算量[M].北京:北京理工大学出版社,2014.